国家职业技能等级认定培训教材
高 技 能 人 才 培 养 用 书

中式面点师

（中 级）

国家职业技能等级认定培训教材编审委员会 组编

朱在勤 吴 雷 主 编

机械工业出版社
CHINA MACHINE PRESS

本书依据《国家职业技能标准　中式面点师（2018年版）》的要求，按照标准、教材、试题相衔接的原则编写，介绍了中级中式面点师应掌握的技能和相关知识，涉及馅心制作、水调面品种制作、膨松面品种制作、层酥面品种制作、米制品制作、杂粮品种制作等内容，并附有模拟试卷及答案。本书配套多媒体资源，可通过封底"天工讲堂"小程序获取。

本书理论知识与技能训练相结合，图文并茂，适用于职业技能等级认定培训中短期职业技能培训，也可供中高职、技工院校相关专业师生参考。

图书在版编目（CIP）数据

中式面点师：中级 / 朱在勤，吴雷主编. — 北京：机械工业出版社，2022.6（2026.1重印）
（高技能人才培养用书）
国家职业技能等级认定培训教材
ISBN 978-7-111-70127-9

Ⅰ. ①中… Ⅱ. ①朱… ②吴… Ⅲ. ①面食-制作-中国-职业技能-鉴定-教材 Ⅳ. ①TS972.116

中国版本图书馆CIP数据核字（2022）第017732号

机械工业出版社（北京市百万庄大街22号　邮政编码100037）
策划编辑：卢志林　范琳娜　　责任编辑：卢志林　范琳娜
责任校对：李　伟　贾立萍　　封面设计：刘术香等
责任印制：张　博
北京机工印刷厂有限公司印刷

2026年1月第1版第2次印刷
184mm × 260mm · 9.5印张 · 192千字
标准书号：ISBN 978-7-111-70127-9
定价：49.80元

电话服务
客服电话：010-88361066
010-88379833
010-68326294

网络服务
机　工　官　网：www.cmpbook.com
机　工　官　博：weibo.com/cmp1952
金　　书　　网：www.golden-book.com
机工教育服务网：www.cmpedu.com

国家职业技能等级认定培训教材

编审委员会

序

新中国成立以来，技术工人队伍建设一直得到了党和政府的高度重视。20世纪五六十年代，我们借鉴苏联经验建立了技能人才的“八级工”制，培养了一大批身怀绝技的“大师”与“大工匠”。“八级工”不仅待遇高，而且深受社会尊重，成为那个时代的骄傲，吸引与带动了一批批青年技能人才锲而不舍地钻研技术、攀登高峰。

进入新时期，高技能人才发展上升为兴企强国的国家战略。从2003年全国第一次人才工作会议，明确提出高技能人才是国家人才队伍的重要组成部分，到2010年颁布实施《国家中长期人才发展规划纲要（2010—2020年）》，加快高技能人才队伍建设与发展成为举国的意志与战略之一。

习近平总书记强调，劳动者素质对一个国家、一个民族发展至关重要。技术工人队伍是支撑中国制造、中国创造的重要基础，对推动经济高质量发展具有重要作用。党的十八大以来，党中央、国务院健全技能人才培养、使用、评价、激励制度，大力发展技工教育，大规模开展职业技能培训，加快培养大批高素质劳动者和技术技能人才，使更多社会需要的技能人才、大国工匠不断涌现，推动形成了广大劳动者学习技能、报效国家的浓厚氛围。

2019年国务院办公厅印发了《职业技能提升行动方案（2019—2021年）》，目标任务是2019年至2021年，持续开展职业技能提升行动，提高培训针对性实效性，全面提升劳动者职业技能水平和就业创业能力。三年共开展各类补贴性职业技能培训5000万人次以上，其中2019年培训1500万人次以上；经过努力，到2021年底技能劳动者占就业人员总量的比例达到25%以上，高技能人才占技能劳动者的比例达到30%以上。

目前，我国技术工人（技能劳动者）已超过2亿人，其中高技能人才超过5000万人，在全面建成小康社会、新兴战略产业不断发展的今天，建设高技能人才队伍的任务十分重要。

机械工业出版社一直致力于技能人才培训用书的出版，先后出版了一系列具有行业影响力，深受企业、读者欢迎的教材。欣闻配合新的《国家职业技能标准》又编写了“国家职业技能等级认定培训教材”。这套教材由全国各地技能培训和考评专家编写，具有权威性和代表性；将理论与技能有机结合，并紧紧围绕《国家职业技能标准》的知识要求和技能要求编写，实用性、针对性强，既有必备的理论知识和技能知识，又有考核鉴定的理论和技能题库及答案；而且这套教材根据需要为部分教材配备了二维码，扫描书中的二维码便可观看相应资源；这套教材还配合机工教育、天工讲堂开设了在线课程、在线题库，配套齐全，编排科学，便于培训和检测。

这套教材的出版非常及时，为培养技能型人才做了一件大好事，我相信这套教材一定会为我国培养更多更好的高素质技术技能型人才做出贡献！

中华全国总工会副主席

高凤林

前言

随着社会的不断发展，人民生活水平的不断提高，人们对餐饮业的要求越来越高。为推动中式面点师职业技能等级认定工作的开展和职业技能短期培训的需要，促进短期培训向规范化发展，提高培训质量，我们编写了本书。

本书内容根据《国家职业技能标准　中式面点师》（2018 年版）要求编写，介绍了中级中式面点师应掌握的技能和相关知识，内容上体现了“以职业活动为导向、以职业能力为核心”的指导思想，重点培养学生的操作能力，全面推进素质教育，突出职业技能培训特色。

本书根据本职业的工作特点，以掌握实用操作技能和能力培养为根本出发点，采用模块化的编写方式，内容包括馅心制作、水调面品种制作、膨松面品种制作、层酥面品种制作、米制品制作、杂粮品种制作等。为方便应试人员了解职业技能等级认定形式与难度要求，本书还配有模拟试卷和参考答案，是中式面点从业人员职业技能等级认定前培训和自学指导用书，也可供职业院校相关专业师生参考。

本书特点是：内容精练实用，能在短期内让受培训者掌握一种技能，从而实现就业；结构体系合理，降低理论深度，只讲述必要的知识和技能，加强实践教学内容，实用性强；内容通俗易懂，图文并茂，以技能训练为主线，用图文结合的方式，通过实例介绍各项操作技能，便于学习、理解和掌握。

本书由朱在勤、吴雷主编，参加编写的有江苏旅游职业学院黄娟（编写项目 1、2）、刘红艳（编写项目 3、4）、王引兰（编写项目 5、6）、吴雷（编写模拟试卷及答案）。全书由扬州大学旅游烹饪学院副教授朱在勤和江苏旅游职业学院吴雷统稿。面点由朱在勤、朱展鹏、吴雷、韩婷、陆文楚、姜非、汪结、姜文怡、姚佳慧、刘润婷、单炜华、殷佳敏、张文彦、陈茹洁、李梦凡、何强威、薛亚雯、顾春悦、张泰立、柳春雨、王莉、代星悦等人制作，主要由朱展鹏、朱在勤拍摄。

本书在编写过程中得到扬州大学旅游烹饪学院、江苏旅游职业学院的领导和同仁的鼓励与帮助，还得到了国家职业技能等级认定培训教材编审委员会、广东瀚文书业有限公司、山东瀚德圣文化发展有限公司等的大力支持与协助，在此一并表示衷心的感谢！

图书的编写是一项探索性工作，因此书中不妥和错误之处在所难免，望使用本书的同仁、读者提出宝贵意见和建议，以便修订时补充、更正。

编　者

目 录

序

前言

项目 1 馅心制作

1.1 馅心的概念和分类 ········ 002

1.1.1 馅心的概念 ········ 002

1.1.2 馅心的分类 ········ 002

1.1.3 原料储存知识 ········ 003

1.2 原料选择 ········ 007

1.2.1 甜馅原料的选择 ········ 007

技能训练 1 干果类原料的质量鉴别 ········ 013

技能训练 2 豆类原料的质量鉴别 ········ 014

1.2.2 咸馅原料的选择 ········ 014

技能训练 3 蔬菜原料的质量鉴别 ········ 019

技能训练 4 肉类原料的质量鉴别 ········ 020

技能训练 5 鱼的质量鉴别 ········ 020

1.2.3 制馅调味品的选择 ········ 021

1.3 原料加工 ········ 023

1.3.1 生馅原料加工工具 ········ 023

1.3.2 生馅原料加工方法 ········ 025

技能训练 6 焯水——萝卜的制馅加工 ········ 027

技能训练 7 焯水——油菜的制馅加工 ········ 028

技能训练 8 脱水——西葫芦的制馅加工 ········ 029

技能训练 9 加水——羊肉的制馅打水 ········ 029

1.4 馅心调制 ······ 030
1.4.1 生咸馅的调制 ······ 030
技能训练 10 制作生素馅——韭菜鸡蛋馅 ······ 032
技能训练 11 制作生荤馅——猪肉馅 ······ 033
技能训练 12 制作生荤素馅——羊肉萝卜馅 ······ 034
技能训练 13 制作三鲜馅——肉三鲜馅 ······ 035
技能训练 14 制作半三鲜馅——百花馅 ······ 036
技能训练 15 制作海鲜馅 ······ 037
1.4.2 熟咸馅的调制 ······ 037
技能训练 16 制作熟素馅——雪菜冬笋馅 ······ 039
技能训练 17 制作熟荤馅——叉烧馅 ······ 039
技能训练 18 制作熟荤素馅——梅干菜肉馅 ······ 040
1.4.3 甜馅的调制 ······ 041
技能训练 19 制作桂花白糖馅 ······ 043
技能训练 20 制作水晶馅 ······ 043
技能训练 21 制作冰橘馅 ······ 044
技能训练 22 制作麻仁（蓉）馅 ······ 045
复习思考题 ······ 046

项目 2 水调面品种制作

2.1 水调面坯 ······ 048
2.1.1 水调面坯的概念 ······ 048
2.1.2 水调面坯的分类与特点 ······ 048
2.1.3 水温对面坯性质的影响 ······ 048
2.2 水调面坯的调制 ······ 049
2.2.1 水调面坯的调制方法 ······ 049
2.2.2 面坯调制的工艺要领 ······ 050
技能训练 1 调制全烫面 ······ 051
技能训练 2 调制半烫面 ······ 052
技能训练 3 水饺的成型 ······ 052
技能训练 4 鸳鸯饺的成型 ······ 053

2.3 产品成熟 …… 054
2.3.1 煮制法的技术要求 …… 054
2.3.2 烙制法的技术要求 …… 054
2.3.3 炸制法的技术要求 …… 055
2.3.4 煎制法的技术要求 …… 055
技能训练 5 水饺的煮制 …… 056
技能训练 6 鸳鸯饺的蒸制 …… 056
技能训练 7 馅饼的烙制 …… 057
技能训练 8 “陆记”烫面炸糕的炸制 …… 058
技能训练 9 鸡汁锅贴的煎制 …… 059

复习思考题 …… 060

项目 3 膨松面品种制作

3.1 面坯调制 …… 062
3.1.1 常用的辅助原料 …… 062
3.1.2 膨松剂 …… 067
3.1.3 化学膨松面坯 …… 068

3.2 生坯成型 …… 069
3.2.1 生物膨松面坯成型 …… 069
3.2.2 化学膨松面坯成型 …… 071

3.3 产品成熟 …… 072
3.3.1 蒸制成熟 …… 072
3.3.2 烤制成熟 …… 073
3.3.3 炸制成熟 …… 073
3.3.4 煎制成熟 …… 074
技能训练 1 油条面坯的调制 …… 075
技能训练 2 无褶豆沙包的成型 …… 076
技能训练 3 提褶生肉包的成型 …… 077
技能训练 4 油条的成型 …… 078
技能训练 5 棉花包的成型 …… 079

技能训练 6　无褶豆沙包的蒸制 080
技能训练 7　提褶包子的蒸制 081
技能训练 8　鲜奶油盏的烤制 082
技能训练 9　油条的炸制 083
技能训练 10　水煎包的煎制 084

复习思考题 086

项目 4 层酥面品种制作

4.1　面坯调制 088
4.1.1　层酥面坯基础知识 088
4.1.2　层酥面坯调制 089
4.1.3　走槌的使用方法 089

4.2　生坯成型 090
4.2.1　开酥方法 090
4.2.2　卷筒酥开暗酥 091
4.2.3　叠酥开暗酥 092

4.3　产品成熟 092
4.3.1　炸制暗酥、半暗酥成品 092
4.3.2　烤制暗酥、半暗酥成品 092
4.3.3　烙制暗酥、半暗酥成品 092
技能训练 1　水油面的调制 093
技能训练 2　干油酥的调制 094
技能训练 3　酵面层酥面坯——烫酵面的调制 095
技能训练 4　卷筒酥——暗酥制坯方法 096
技能训练 5　叠酥——暗酥制坯方法 098
技能训练 6　炸制水油酥皮暗酥——双麻酥饼 099
技能训练 7　烤制酵面酥皮暗酥——蟹壳黄烧饼 100
技能训练 8　烤制水油酥皮半暗酥——佛手酥 102
技能训练 9　烙烘水面酥皮半暗酥——葱油火烧 103

复习思考题 105

项目 5 米制品制作

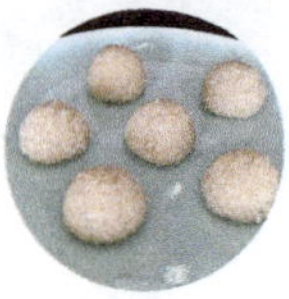

5.1 米粉面坯 108

5.1.1 米粉的种类 108

5.1.2 米粉面坯的概念与特点 109

5.2 团类面坯调制 109

5.2.1 团类面坯的掺粉方法 109

5.2.2 团类面坯的调制方法 110

5.2.3 团类面坯调制的注意事项 110

技能训练 1 泡心法调制生粉团 111

技能训练 2 煮芡法调制生粉团 111

技能训练 3 船点面坯的调制 112

技能训练 4 糯米粉团制品——咸水角的制作 112

技能训练 5 生粉团制品——粢毛团的制作 114

技能训练 6 熟粉团制品——双馅团的制作 115

复习思考题 116

项目 6 杂粮品种制作

6.1 杂粮粉面坯 118

6.1.1 莜麦面坯 118

6.1.2 青稞面坯 119

6.1.3 荞麦面坯 120

6.2 蔬果面坯 121

6.2.1 蔬果面坯分类 122

6.2.2 蔬果面坯基本工艺 122

6.2.3 蔬果面坯调制工艺的注意事项 122

6.2.4 蔬果面食的加工现状 122

技能训练 1 腊味萝卜糕的制作 123

技能训练 2 莜麦糅糅的制作 124

技能训练 3 莜麦可可饼干的制作 125

技能训练 4 糌粑糕的制作 126

技能训练 5　玛馕的制作 …… 127
技能训练 6　青稞薄饼的制作 …… 128
技能训练 7　荞麦鱼鱼的制作 …… 128
技能训练 8　荞麦曲奇的制作 …… 129
技能训练 9　荞麦饸饹的制作 …… 130
技能训练 10　芸豆卷的制作 …… 131

复习思考题 …… 132

中式面点师（中级）理论知识试卷 …… 133

参考文献 …… 140

项目 1

馅心制作

- 馅心制作
  - 馅心的概念和分类
    - 馅心的概念
    - 馅心的分类
    - 原料储存知识
  - 原料选择
    - 甜馅原料的选择
      - 技能训练1　干果类原料的质量鉴别
      - 技能训练2　豆类原料的质量鉴别
    - 咸馅原料的选择
      - 技能训练3　蔬菜原料的质量鉴别
      - 技能训练4　肉类原料的质量鉴别
      - 技能训练5　鱼的质量鉴别
    - 制馅调味品的选择
  - 原料加工
    - 生馅原料加工工具
    - 生馅原料加工方法
      - 技能训练6　焯水——萝卜的制馅加工
      - 技能训练7　焯水——油菜的制馅加工
      - 技能训练8　脱水——西葫芦的制馅加工
      - 技能训练9　加水——羊肉的制馅打水
  - 馅心调制
    - 生咸馅的调制
      - 技能训练10　制作生素馅——韭菜鸡蛋馅
      - 技能训练11　制作生荤馅——猪肉馅
      - 技能训练12　制作生荤素馅——羊肉萝卜馅
      - 技能训练13　制作三鲜馅——肉三鲜馅
      - 技能训练14　制作半三鲜馅——百花馅
      - 技能训练15　制作海鲜馅
    - 熟咸馅的调制
      - 技能训练16　制作熟素馅——雪菜冬笋馅
      - 技能训练17　制作熟荤馅——叉烧馅
      - 技能训练18　制作熟荤素馅——梅干菜肉馅
    - 甜馅的调制
      - 技能训练19　制作桂花白糖馅
      - 技能训练20　制作水晶馅
      - 技能训练21　制作冰橘馅
      - 技能训练22　制作麻仁（蓉）馅

1.1 馅心的概念和分类

1.1.1 馅心的概念

馅心是指将各种制馅原料（粮食、蔬菜、水产、畜肉和调味品等），经过精细加工、处理、调制、拌和，包入米面等坯皮内的“心子”。馅心不仅决定面点的口味，影响面点的形态，而且赋予了面点独有的特色，丰富面点的种类，定位面点的档次。制馅是面点制作过程中十分重要的环节。

1.1.2 馅心的分类

馅心的种类可从以下 3 个方面来划分：

1. 按制作原料性质划分

根据馅心原料的性质，馅心分为荤馅、素馅和荤素馅。荤馅多以畜禽肉及水产原料为主料，口味上要求咸淡适宜，鲜香松嫩，汁多味美。素馅多以鲜、干蔬菜为主料，再配以豆制品等原料制成，口味要突出清香爽口的特点。荤素馅或以荤为主，配一些素料，如：各种肉类与不同蔬菜搭配，或者海鲜原料与时令蔬菜搭配，此类馅心使用较普遍；或者以素为主，配少量的荤料，如翡翠馅、萝卜丝馅等。

2. 按制作方法划分

根据馅心制法的不同，馅心分为生馅、熟馅和生熟混合馅。生馅即将原料经刀工处理后，直接调味拌制而成。熟馅则是原料在刀工处理后，还需经过熟制加工（或是直接将酱、卤、烤制的熟料加工成馅料）。生熟混合馅是生的肉类原料与熟制的蔬菜类原料或熟制的肉类原料与生的蔬菜类原料经加工混合而成的菜肉馅，如某些耐熟且含水量较大的萝卜、白菜、豆角等原料，焯熟后经刀工处理再与生肉馅拌和，或熟肉馅中掺入一些叶片细薄不宜焯水的菜，如韭菜、香菜等。

3. 按口味划分

根据口味的不同，馅心主要分为咸馅、甜馅两大类。

馅心的分类具体见表 1-1。

表 1-1 馅心的分类

制馅工艺	馅心	甜馅	泥蓉馅		如：豆沙馅、枣泥馅、莲蓉馅、豆蓉馅、薯泥馅等
			果仁蜜饯馅		如：五仁馅、百果馅、什锦馅等
			糖油馅		如：白糖馅、水晶馅、冰橘馅、玫瑰馅等
			糖油蛋馅		如：椰丝蛋挞馅、奶黄馅、椰蓉馅、椰奶馅、牛油戟馅等
		咸馅	素馅	生素馅	如：萝卜丝馅、素烧卖馅等
				熟素馅	如：芹菜香干馅、春笋金丝馅、雪菜冬笋馅、素什锦馅等
				生熟素馅	如：韭黄馅等
			荤馅	生荤馅	如：畜禽类有猪肉馅、牛肉馅、火腿馅、小笼包馅、鸡肉馅等 如：水产类有鱼肉馅、虾仁馅、三鲜馅、鱼子馅、百花馅等
				熟荤馅	如：禽畜类有叉烧馅、咸水角馅、鸡丝馅等 如：水产类有蟹粉馅等
			荤素馅	生荤素馅	如：韭菜猪肉馅、白菜猪肉馅、韭黄三鲜馅等
				熟荤素馅	如：三丁馅、糯米烧卖馅等
				生熟荤素馅	如：豆芽猪肉馅、韭菜鸡蛋馅等

1.1.3 原料储存知识

烹饪原料绝大部分来自动、植物，新鲜原料在收获、运输、储存、加工过程中仍在进行新陈代谢，从而影响到原料的品质，因此必须采取一些措施，尽可能地控制原料在储存过程中的质量变化。

1. 原料自身新陈代谢引起的质量变化

（1）植物性原料的质量变化

1）呼吸作用。呼吸作用是生鲜蔬菜和水果在储存过程中发生的一种生理活动，包括有氧呼吸和无氧呼吸两大类。

2）后熟作用。后熟作用常指果品采收后继续成熟的过程，实际上是果实在树体上成熟过程的继续，利用果实本身积累的营养物质进行复杂的生理生化变化，将复杂的有机物转化为简单的物质。

3）发芽和抽薹。发芽和抽薹是两年或多年生植物终止休眠状态、开始新的生长时发生的系列变化，该变化主要发生在以变态的根、茎、叶作为食用对象的蔬菜，如土豆、芦笋、洋葱、萝卜、大白菜等。

4）蒸腾和萎蔫。新鲜蔬菜含水量很高，达到65%~96%，在储存中容易因蒸腾脱水而引起组织萎蔫，出现疲软、皱缩、光泽消退，失去新鲜状态，变化最明显的就是失重和失鲜。

（2）动物性原料的质量变化　主要是僵直和自溶。僵直和自溶是动物性原料在储存过程中发生的生理生化变化。

当动物被宰杀后，氧的供应停止了，肌肉细胞中的分解酶类在无氧的条件下，将肌肉中的糖原最终分解成乳酸，与此同时，肉中的三磷腺苷也逐渐减少。由于这些变化，肌肉纤维紧缩，从而使肌肉呈僵硬状态，这种现象称为肉僵直。此阶段的肉，弹性差，无鲜肉的自然气味，烹调时不易煮烂，烹调后的风味也很差。

在常温下，僵直的肉在细胞内酶的作用下会引起乳酸、糖原、呈味物质之间的变化，使原来僵直状态的肉变得柔软而有弹性，表面微干，带有鲜肉的自然气味，这时的肉味鲜而易烹调，这一过程称为肉的成熟。

成熟作用完成后的肉在溶解酶的作用下，发生自体溶解，使肉中所含的复杂有机化合物进一步水解为分子量比较小的小分子物质，使肉带有令人不愉快的气味，肉的组织结构也变得松散，同时由于空气中的氧气与肉中肌红蛋白和血红蛋白相互作用，肉色发暗。处于自溶阶段的肉，虽尚可食用，但品质已大大降低。当自溶阶段的肉被微生物污染后，则很容易发生腐败作用。

2. 烹饪原料在储存过程中引起品质变化的外界因素

影响原料品质变化的外界因素较多，它们对原料品质的影响主要有两个方面：一是影响原料在储存过程中的新陈代谢速率，即影响酶的活性；二是影响微生物对原料污染的能力和速度，即影响微生物生长繁殖的速度。

（1）物理因素

1）温度。温度升高可提高各种酶的活性，加强酶的分解能力，促进蛋白质、脂肪和其他组织成分的分解，造成营养物质和风味物质的流失；还会加速微生物生长繁殖的速度，从而使原料的质量下降；同时影响氧化作用的发生。

2）湿度。如果储存环境湿度较大，微生物易生长繁殖，则原料易腐败变质。

3）氧气。氧气浓度越高，引起原料品质变化的化学反应速度越快，从而导致原料品质急剧下降，同时也可加快好氧性微生物生长的速度，从而加快原料的腐败。

4）光照。光能促进油脂的氧化，使色素褪色和蛋白质凝固，所以有色原料和含脂肪量高的原料必须避光储存。

5）渗透压。盐或糖溶液的高渗透压，可以脱去原料和微生物中的水分，从而抑制原料自身的新陈代谢和微生物的生长繁殖；盐还能减少原料中氧气的溶解量，使好气性微生物的繁殖受阻。

（2）化学因素

1）金属盐类。一些金属盐类能使蛋白质变性和凝固，使酶失去活性，从而抑制原料的生命活动和微生物的生长繁殖，有利于原料的储存。

2）酸和碱。酸和碱能够改变原料储存环境的酸碱度，影响原料细胞中酶的活性，同时抑制微生物的生长繁殖。

3）氧化剂。一些具有较强氧化能力的氧化剂，有一定的杀菌能力，可杀灭原料中的微生物。

3. 烹饪原料储存方法

（1）低温储存法　这是最普通、最常见的方法。因为低温（一般在15℃以下）可以有效地抑制微生物的生长繁殖、酶活动及其他非酶变质因素，达到储存原料的目的。此方法适用于大部分动、植物性原料，分为冷藏和冻藏两类。

冷藏是将原料置于0~10℃的环境中储存，适用于蔬菜、水果、鲜蛋和牛奶，以及鲜肉、鲜鱼的短时间储存。如大白菜、菠菜、洋葱、胡萝卜适宜的冷藏温度是0℃左右，茄子、青椒、黄瓜适宜的冷藏温度是0~10℃；橘子适宜的冷藏温度是0℃；西瓜适宜的冷藏温度是7~10℃。冻藏是将原料置于冰点以下的低温中储存，常用于肉、禽、水产品的储存。

（2）高温储存法　通过加热来储存原料，适用于大部分动物性原料的储存。原料经过加热处理，细胞中的酶被破坏失去活性，原料自身的新陈代谢终止，原料变质的速度减缓；加热中绝大多数微生物被杀灭，从而有助于减缓原料腐败的速度和延长原料的保质期。根据对原料加热温度的高低，又可将杀灭原料中微生物的方法分为高温杀菌法和巴氏消毒法两种。

高温杀菌法是用100~121℃的温度来杀灭原料中的微生物，适用于鱼类、肉类和部分蔬菜的储存。巴氏消毒法是利用低于100℃的热力杀灭微生物的消毒方法，适用于啤酒、鲜奶、果汁、酱油等不耐热原料的杀菌储存，又分为低温长时间杀菌法（62~65℃、30分钟）；高温短时间杀菌法（72~75℃，15~16秒）。

（3）脱水储存法　是将原料中的大部分水分去掉，从而保持原料品质的方法，又称干燥储存法，适用于大部分动、植物性原料的储存。原料干制后，由于水分减少，细胞原来所含的糖、酸、盐、蛋白质等内含物的浓度升高，渗透压增大，使入侵的微生物正常的发育和繁殖受阻，微生物长期处于休眠状态。同时由于细胞内水分减少，水分活度降低，原料中酶的活性减弱，新陈代谢的速率下降，使原料变质的速度减缓。此方法又可分为自然干燥法和人工干燥法两类。

自然干燥法是利用日光或风力等将原料晒干或风干，如粮食、干菜、干果、水产品的干制等。人工干燥法是利用热风、减压、冻结等方法脱去原料中的水分，如奶粉、蛋黄粉、豆奶粉等的干制。

（4）密封储存法　是将原料严密封闭在一定的容器内，使其和日光、空气隔绝，以防止原料被污染和氧化的方法，如酱菜和罐装的冬菇、冬笋等。

（5）腌渍储存法　是利用盐和糖对原料进行加工后储存的方法，适用于大部分动、植物性原料的储存。盐或糖溶液渗入原料组织内，可以提高原料渗透压和降低水分活度，并使微生物细胞的原生质脱水而发生质壁分离，抑制有害微生物的生长而达到储存原料的目的，还可增加食品的风味。腌渍储存法可分为盐腌和糖渍两大类。

盐腌法是利用盐来腌制原料，主要用于猪肉、板鸭、火腿、咸蛋、咸鱼及腌酱菜等。糖渍法主要利用糖来腌渍原料，适用于蜜饯、果脯、板油等。经腌渍处理后的各类鲜活原料，不但储存效果好，而且能产生特殊的风味和颜色。

（6）酸渍储存法　是将原料浸泡在醋等酸性溶液中储存的方法，多用于蔬菜的储存。酸渍储存法通过提高原料储存环境中的氢离子浓度，从而抑制微生物生长繁殖，以达到储存原料的目的。方法有两种：一是在原料中加入一定量的醋，利用其中的醋酸降低 pH 值，如醋黄瓜、醋蒜等；二是利用乳酸菌的发酵来生成乳酸从而降低 pH 值，如泡菜等。

（7）酒渍储存法　利用酒精的抑菌杀菌作用储存原料，常用白酒、酒糟来储存。

（8）烟熏储存法　在腌渍的基础上，利用木柴不完全燃烧时所产生的烟气来熏制原料，主要适用于动物性原料的加工，少数植物性原料也可采用此方法（如乌枣）。此方法具有脱水干燥、杀菌消毒、防止原料腐败变质的作用，还可赋予原料特殊的烟熏风味，并具有增香、发色的效果。

（9）气调储存法　是通过改变原料储存环境中的气体组成成分，降低氧气的含量，增加二氧化碳或氮气的含量来储存原料的方法，多用于水果、蔬菜、粮食的储存，近年来也开始用于畜肉、禽肉、鱼肉及鲜蛋等原料的储存。烹饪中运用最多的是用塑料薄膜袋对原料进行密封，利用原料的呼吸作用来自动调节袋中氧气和二氧化碳的比例。

（10）辐射储存法　利用一定剂量的放射线照射原料而使原料延长储存期，该方法适用于粮食、果蔬、畜肉、禽肉、鱼肉及调味品的储存。优点是不会引起原料在色、香、味方面的重大变化，不影响外观和营养价值，无非食品物质残留，操作简单、节能高效。

（11）保鲜剂储存法　在原料中添加具有保鲜作用的化学试剂来储存原料，又称为化学储存法，通常在肉制品和罐头制品中运用较多。保鲜剂有防腐剂（控制微生物的生理活动，从而达到抑制或杀灭腐败微生物的目的）、抗氧化剂（防止或减缓空气中氧与原料中的一些物质发生氧化还原反应，起到储存原料的作用）、脱氧剂（通过化学反应吸除包装容器内的游离氧及原料中的氧，生成稳定的化合物，从而防止原料氧化变质）等几类。

（12）活养储存法　对购进的活体动物性原料进行短期饲养而保持或提高其使用品质，主要适用于对新鲜程度要求较高、烹调前需要动物排空肠肚内的泥沙或去除泥腥味的动物性原料，如虾、蟹、甲鱼、泥鳅、黄鳝，以及一些江鱼、河鱼、海鱼等。

其他还有假植、窖藏等储存方法。

1.2 原料选择

1.2.1 甜馅原料的选择

1. 干果类原料

（1）瓜子仁　简称瓜仁，是瓜子加工去壳后的籽仁，种类有黑瓜子仁、白瓜子仁和葵花子仁，统称为“炒货三子”。

瓜子仁

1）黑瓜子仁，也称西瓜子，为西瓜的种子去壳后的籽仁。江西的信丰县、广西的贺州市产的红瓜子籽粒肥大，肉厚清香，久不霉变，是著名的传统特产。

2）白瓜子仁，也称南瓜子、金瓜子、角瓜子，为南瓜、角瓜、白玉瓜和西葫芦等瓜子去壳后的籽仁。吉林、黑龙江等地产的白瓜子较著名，品种有雪白、光板、毛边、黄厚皮 4 种。其中，雪白和光板质量好，毛边次之，黄厚皮较差。

3）葵花子仁，是向日葵的籽实去壳后的籽仁，它是一种经济价值很高的油料作物，我国各地均有种植，其中东北和内蒙古较多。葵花子以粒大、仁满、色青、味香者品质为优。

瓜子仁是制作五仁馅、百果馅的原料之一，可作为八宝饭、蛋糕等点心的配料。

芝麻

（2）芝麻　原产于印度，我国在汉代时引入，在我国栽培极广，历史悠久。芝麻种子按皮色分为黑、白、黄 3 种，均以颗粒饱满均匀、色一致、无杂质为好。芝麻是制作面点五仁馅的主要原料之一。

（3）花生仁　花生又称落花生、长生果，通常在 9~10 月上市，种子（花生仁）呈长圆形、长卵圆形或短圆形，种皮有淡红色、红色和黑紫色等，主要类型有普通型、多粒型、珍珠豆型和腰型 4 类。

花生仁

花生去壳、去内皮为花生仁，以粒大身长、粒实饱满、色泽洁白、香脆可口、含油脂多者为佳。制馅时应先烤熟，去皮。花生仁是五仁馅、果仁馅的主要原料。

（4）核桃仁　核桃又称胡桃，原产于伊朗，现我国北方和西南均有种植，为世界 4 大干果之一。核桃 9~10 月成熟上市，果皮成熟后干燥成纤维质、木质化的坚硬外壳，去壳后供食用的果仁，称为核桃仁。

核桃仁

核桃的特点是含水分少，含糖类、脂肪、蛋白质和矿物质丰富，营养价值很高，耐储存，以个大圆整、肉饱满、壳薄、出仁率高、仁含油量高者为佳。核桃的品种很多，著名品种如下：

1）光皮绵核桃，主要产于山西汾阳，9月中旬成熟，果形有长有圆，果大壳薄，表面光滑，出仁率在59%左右，含油量在72%左右。

2）露仁核桃，产于河北昌黎，外壳薄如纸，种仁微露，易脱仁，出仁率为65%，含油量为76%。

3）鸡爪绵核桃，产于山东，壳薄光滑，种仁饱满，出仁率为40%~54%，含油量为68%。

4）阳平核桃，产于河南洛阳一带，壳薄，果实大，种仁饱满，产量较高，是河南的优良品种。

核桃仁是五仁的原料之一，以饱满、味醇正、无杂质、无虫蛀、未出过油的为佳品，一般先烤熟或焐油成熟，再加工制馅。

（5）板栗 又称栗子、毛栗，为我国原产干果之一，现广泛种植于黄河流域及以北的山地，各地均有栽培，9~11月果实成熟。板栗以果实饱满、颗粒均匀、肉质细腻、味甜而香糯者为佳，著名的品种如下：

板栗

1）京东板栗，产于北京西部燕山山区，良乡镇是其集散地，因而又称良乡板栗。京东板栗个小、壳薄易剥、果肉细、含糖量高，在国内外市场上久负盛名。

2）黑油皮栗，产于辽宁丹东地区。个头大，平均重10克以上，果壳色乌而有光泽，果实味醇、甘甜质细。

3）泰安板栗，产于山东泰安地区，含糖量高，淀粉含量在70%以上，吃口绵软，甘甜香浓。

4）确山板栗，产于河南确山县，壳薄、个头大（每500克有35粒左右）、色泽好、饱满且匀实、产量高且稳，曾被评为全国优良品种，有“确栗”之称。

板栗可制作点心、栗羊羹等，因淀粉含量高，故多采用过油定型和蒸熟定型的方式，以确保其形状和滋味完美，也可加工成片、丁、粒和蓉泥使用。

榄仁

（6）榄仁 为乌榄的核仁，主产于福建、广东、广西、台湾等地。其仁状如梭，外有薄衣（红色），未褪红衣者称榄仁。榄仁焙炒后衣皮很易脱落，仁色洁白而略带牙黄色，肉质细嫩，富有油香味，是一种名贵的果仁。榄仁以颗粒肥大均匀、仁衣洁白、肉色白、脂肪足、破粒少者为佳，是南方五仁馅原料之一。

（7）松子仁　为松树的种仁，是松科红松和油松及马尾松等植物的种子，产于黑龙江、吉林、云南、陕西、山西、甘肃等地，以黑龙江、吉林产的松子品质最好。松子仁一般在 9 月上旬成熟，以粒大完整、均匀干燥、仁肉肥壮、色白、碎粒少者为佳。

松子仁

（8）杏仁　为我国原产，有苦、甜两种。苦杏仁多为山杏的种子，内蒙古多产苦杏仁，这种杏仁含脂肪约 50%，并含有苦杏仁苷和苦杏仁酶。苦杏仁苷经酶的作用，可生成有杏仁香气的苯四醛和有剧毒的氢氰酸等，食用不当会引起食物中毒。食用前必须经反复水煮、冷水浸泡去掉苦味。

杏仁

甜杏仁中所含苦杏仁苷的量很少，我国著名的品种如下：

1）龙王帽，产于北京西部山区及辽宁等地，扁平肥大，仁肉质细，含脂肪 56.7%，出仁率为 18%，每 500 克约有 170 粒，是杏仁中颗粒最大的品种。

2）巴旦杏仁，产于新疆喀什地区，是世界 4 大干果之一。巴旦杏果肉干硬不可食用，杏仁重 1~5 克不等，有甜苦之分，甜者供食，苦者药用，有很高的营养价值。

杏仁是五仁馅原料之一，既可炒食，也可磨粉做成杏仁饼、杏仁豆腐、杏仁酪、杏仁茶，还可做成各种小菜，同时还是榨油、制药的优质原料。

（9）腰果　又称鸡腰果，与核桃仁、榛子、杏仁并称为世界 4 大干果。腰果原产于南美洲的巴西，我国现种植于广东、海南等地。腰果仁以整齐均匀，仁肉色白饱满，味香，身干，含油量高，无碎粒、坏只、壳屑者为佳。肉质松软，味道极似花生仁，可用于制作糕点的馅心，也可作点缀之用。

腰果

（10）榛子　又称山板栗、平榛子、毛榛子，是一种野生的名贵干果，主产于东北大兴安岭东南部和东北部林区。

榛子的果仁含油量达 45%~60%，高于花生和大豆，富含蛋白质和胡萝卜素，具有补气、健胃、明目的功能。榛子的果仁既是糖果、糕点的主要辅料，也是榨油的主要原料。

（11）莲子　又称莲实、莲芯，分家莲、湖莲、田莲等品种。莲子的外衣呈赤红色，圆粒形，内有莲心，以颗粒圆整饱满、干燥、肉厚色白、口咬脆裂、胀性好、入口软糯者为佳。

榛子

用莲子制馅前，要先去掉外衣、莲心。

莲子

（12）白果　为银杏的种仁，是我国特产硬壳果之一，需要熟食，主产于江苏、浙江、安徽等地。白果果实 10 月成熟，有椭圆形、倒卵形和圆珠形。核果外有一层色泽黄绿有特殊臭味的假种皮，收获后假种皮经腐烂，露出晶莹洁白的果核，敲开果核，是玉绿色的果仁。优质品种如下：

1）佛指，产于江苏泰兴，壳薄、仁大，两头尖似橄榄，核饱满、味甘美，为白果良种。

2）梅核，产于浙江长兴，俗称圆白果，形状像梅子核，颗粒较小，果仁软清甘甜、清香味美。

白果可作为糕点配料，但含氰苷等有毒物质，以绿色胚芽含量最高，所以食用时应去外皮、胚芽（心），熟制食用且不宜多食，在面点工艺中使用时应严格控制数量。

椰蓉

（13）椰蓉　是椰子肉的干制品，经清洗、去壳、选肉、制粒、糖渍，加入液体葡萄糖，加热、紫外线照射、熬制、冷却等十几道工序精制而成。优良品质的椰蓉质地柔软、颗粒均匀，用手触摸时微黏且有少量椰汁留在手上，色泽雪白油亮，无黄色或黑色斑点，无杂质，嗅之有浓郁的椰香味和淡淡的椰油味，爽口滋润，甜而不腻，椰香满口，无苦涩味，制馅时汁不会大量外流，而是大部分保留在椰蓉中。

2. 豆类原料

（1）赤豆　又名红小豆、红豆，为赤豆的种子，起源于我国，我国栽培面积最大，其次是日本、朝鲜。赤豆多呈赤褐色或暗紫色，籽粒为长圆形，两端钝圆，脐为白色，以粒大皮薄，红紫有光，豆脐上有白纹者品质最佳。赤豆性质软、糯，沙性大，故常用来制作豆沙馅或甜食，也可煮粥、煮饭和做赤豆汤等。

绿豆

（2）绿豆　又称青小豆、吉豆等，原产于印度、缅甸，现东亚各国普遍种植。绿豆以色浓绿而富有光泽、粒大整齐者为最好。著名的绿豆品种有安徽的明光绿豆、河北的宣化绿豆、山东的龙口绿豆等。

绿豆的营养价值和药用价值很高，具有“济世之食谷”之说。现代医学认为，绿豆在一定程度上能降低血脂和胆固醇，有明显的解毒、保肝作用。

绿豆除可制作成饭、粥、汤等食品外，还可以磨成粉制成糕点和小吃，如绿豆糕等，也可制作绿豆沙馅心。

（3）大豆　又称黄豆、毛豆，起源于我国，种植历史有 5000 年之久，现在全国已普遍种植，其中东北大豆质量最优。

大豆

大豆呈椭圆形、球形，按颜色可分为黄色、青色、黑色大豆等。黄豆中蛋白质含量达35.1%，属于优质蛋白，还富含多种微量元素，营养价值高，有非常好的保健作用，因此民间有“可一日无肉，不可一日无豆”之语。

黄豆制作的产品种类繁多，可制作主食、糕点、小吃等。黄豆粉黏性差，一般经熟制后磨成粉，滚粘在产品表面，增加面制品的香味；煮熟捣泥可作为馅心，与米粉掺和可制作各式糕点。

3. 水果花草类原料

（1）鲜水果　中式面点工艺中常用的鲜水果类原料主要有苹果、梨、山楂、樱桃、猕猴桃、草莓、橘子、香蕉、桃、荔枝等。它们既可以制馅、制酱，包于面坯内，又可点缀于面坯表面上，起装饰、调味的作用。

1）苹果，别名频婆、平波、超凡子，是世界4大水果之一。苹果的品种繁多，我国主要有金帅、元帅、国光、富士等400余种，因品种不同而有大小之分，一般呈圆、扁圆、长圆、椭圆等形状，分青、黄、红等颜色。

苹果

苹果按成熟期可分为伏苹果和秋苹果，伏苹果每年6月起开始上市。伏苹果的特点是果实质地松轻，味多带酸，不耐储藏，产量较低。秋苹果分早秋和晚秋两类，早秋苹果大都在9月份成熟，果实有软硬之分，味多甜中带酸，较耐储运。晚秋苹果一般于10月成熟，口感脆甜稍酸，耐储藏。

苹果以色泽鲜艳，香味浓郁，风味适口，果形端正，表面光滑，无刺伤、病虫害者为佳。

梨

2）梨，有“百果之宗”之美称，原产于我国，是一种生长适应性较强的水果。我国栽培的梨有4大种系，即白梨、沙梨、秋子梨、西洋梨。

梨的果皮有黄白色、褐色、青白色、暗绿色等。梨肉近白色，质地因品种不同而有差异，一般坚硬脆嫩，味有甜酸之别，汁有多少之分，以果皮细薄、有光泽、果肉脆嫩、汁多味甜、香气浓、果形完整、无疤痕、无病虫害者为佳。

山楂

3）山楂，又名红果、山里红、猴楂等，原产于我国，每年秋季成熟上市。常见的品种有：敞口山楂、大金星、圆果山楂、方果山楂、辽红、豫北红等。山楂果实多为红色，果味酸，稍甜，果胶含量丰富，除鲜食外，多用于制糕、酱和糖果等，是较好的制馅原料。

樱桃

4）樱桃，又称含桃、莺桃，果实小，呈球形，鲜红色，以果粒均匀、色泽鲜艳、柄短核小、味甜多汁、肉质软糯、无烂只、无裂皮者为好。我国代表品种为中国樱桃中的短柄樱桃、大鹰紫甘樱桃，特点是肉皮厚、汁多、味甜酸适度。

荔枝

5）荔枝，别名丽枝、丹枝、丹荔，原产于我国，主产于广东、福建、广西、四川等地，每年6~7月成熟上市。荔枝的果实呈心脏形或圆形，果皮具有多数鳞斑状凸起，颜色分鲜红、紫红、青绿、白等。著名的代表品种有三月红、糯米糍、桂味、淮枝等。

香蕉

6）香蕉，又名弯蕉、芭蕉、粉蕉，原产于亚洲南部，我国最早在华南地区种植，后在南方各地普及栽培，以广东种植最多。其浆果为肉质，熟时果皮呈黄色，易剥落，果肉白黄色，无种子，汁少味甘，柔软芳香。香蕉品种较多，优良品种有北蕉、短香蕉、天宝蕉等。中医认为香蕉性寒，味甘，有止烦渴、润肺肠、通血脉的功效。

猕猴桃

7）猕猴桃，别名猕猴梨、羊桃、野梨等，原产于我国，被誉为“世界珍果”。我国栽培的大多是中华猕猴桃品种。优良品种有早鲜、魁蜜、早香等，以无毛、黄果肉、果肉细、果个大、汁多、香气浓郁者为佳。其含有丰富的糖、有机酸和矿物质，除鲜食外，还加工成果汁、果酱、果干等，常用于菜品的围边、点缀和配色。

草莓

8）草莓，又叫红莓、地莓等，原产于南美洲，我国南北各地均有种植。草莓表皮鲜红带有白色颗粒，肉质粉红或白，口味甜爽，是较好的制馅、盘饰原料。

9）橘子，原产于我国，主要分布于华南各省。橘皮极易剥落，果实呈月牙状，颜色为鲜橙、橙黄或黄，口味酸甜。主要品种有四川红橘、浙江黄岩蜜橘、江西南中蜜橘等。其富含维生素C，含有较多的胡萝卜素和维生素P，具有助消化和一定的防坏血病的功效。

蔓越莓干

（2）蜜饯、果脯 蜜饯、果脯是鲜果经高浓度的糖液或蜜汁浸透加工而成，分为带汁的和不带汁的两种。

带汁的含水分较多，鲜美适口，表面光亮湿润，多浸在半透明的蜜汁或浓糖液中，故习惯称蜜饯，有蜜枣、桃脯、苹果脯、梨脯、橘饼等。

杏干

不带汁的是通过煮制加入砂糖浓缩干燥而成，含水分少，习惯称为果脯，有青红丝、青梅、乌梅、瓜条、姜片等。

（3）鲜花类

1）桂花酱，将鲜桂花经盐渍后加入糖浆制成，以金黄、有桂花盐渍的芳香味、无夹杂质者为佳。

2）糖玫瑰，是将鲜玫瑰花清除花蕊等杂质后，用糖揉搓，再将玫瑰、糖分层码入缸中，经密封、发酵制成。

西梅干

4. 其他原料

（1）琼脂　又称洋粉、冻粉、琼胶，从海藻类植物石花菜及其他数种红藻类植物中浸出，并经干燥制得。因制法不同，琼脂有条状、片状、粉状。品质优良的琼脂，质地柔软，洁白，无色无味，呈半透明状，且纯净、干燥，无杂质。灰白色并带有黑色的琼脂质量较差。

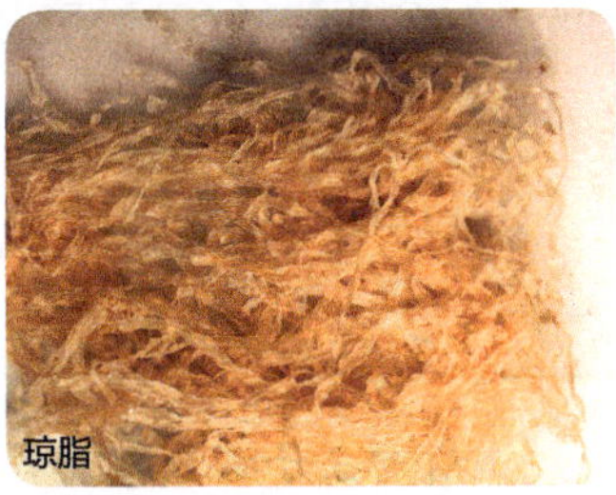
琼脂

琼脂加热至95℃时便开始熔化，冷却到45℃左右即可变为凝胶，凝胶易上色。琼脂溶液的凝固温度较高，在夏季室温条件下也可凝固，因而不必特意冷冻，使用极为方便。

琼脂的吸水性和持水性高，干燥的琼脂在冷水中浸泡时吸水膨润软化，可以吸收20多倍的水。琼脂凝胶有较强的持水性，含水量高达99%，且耐热性较强，因此热加工方便。中式面点工艺中用其制作果冻等甜点。

（2）西米　又称西谷米、沙谷米、珍珠米，产于南洋群岛，是取棕榈科植物的木髓部经粉碎、筛浆、过滤、漂洗、沉淀、干燥等工艺制成的淀粉颗粒。

西米色泽洁白，呈均匀的硬颗粒状，加热熟制后颗粒膨胀，色泽半透明，质感滑糯柔软。中式面点工艺中，西米常与各式果汁、水果、巧克力、咖啡等一起制作甜品。

西米

技能训练1　干果类原料的质量鉴别

1. 鉴别果形

每种干果都有其典型的形状，根据形状即可判定果品的品质。果品凡是具有其品种的典型形状的，说明其生长过程正常，质量较好；那些因缺乏某种肥料造成的缩果和病虫害引起畸形的干果，质量就较差。

2. 鉴别色泽和大小

普遍以有光泽、大小均匀的为优质干果。

3. 鉴别成熟度

一般干果成熟后都是比较干燥的，以内果皮较坚硬、个大圆整、肉饱满、壳薄、出仁率高、含油量高者为佳。

4. 鉴别损伤与病虫害

干果无损伤、无病虫害者为佳。

技能训练 2　豆类原料的质量鉴别

1. 鉴别光泽度

不同的豆子颜色不同，普遍以有光泽者为佳。

2. 鉴别饱满与圆度

所有的豆子都以饱满者为佳，不同的豆子形态不同，如：大豆有圆形与椭圆形；赤豆、绿豆多为圆柱形或球形；蚕豆扁平，略呈椭圆形，微有凸凹。

3. 鉴别颗粒大小

大小均匀者为佳。

4. 鉴别损伤与病虫害

无损伤、无病虫害者为佳。

1.2.2　咸馅原料的选择

1. 畜、禽肉类

（1）猪肉　是使用最广泛的制馅原料之一，肌肉组织为淡红色，因年龄、部位、品种的不同，色泽有深浅之别。猪肉肌纤维细腻而柔软，皮下和肌间脂肪沉积较多，为白色或粉红色。制生肉馅时应选用肥瘦相间、肉质柔软、肌肉纤维细致、结缔组织少的前夹心肉，肉质鲜嫩，比用其他部位制成的馅滋味鲜美。

猪肉

羊肉

（2）羊肉　主要有绵羊肉和山羊肉两种。绵羊肉是我国羊肉的主要来源，肉质坚实，色泽暗红，肌纤维细而软，肌间有较少脂肪，腥膻味较小，质优。山羊肉呈暗红色，皮厚，皮下脂肪较少，腹部脂肪较多，腥膻味较重，品质稍差。制作馅心一般应选用肥嫩而无筋膜、腥膻味较小的绵羊肉。

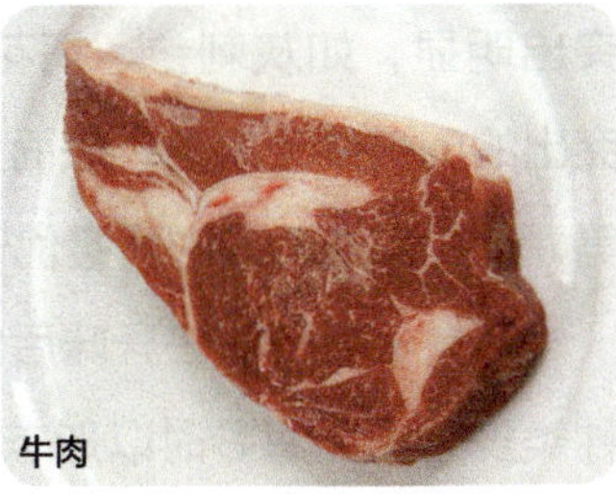
牛肉

（3）牛肉　肌肉含水量高，肉质坚实，呈红至暗红色，肌纤维长而粗糙。皮下有少量脂肪沉积，肌纤维间夹有肌间脂肪，切面有光泽呈大理石纹状，结缔组织较发达。香味浓郁，有一定的膻味。虽然牛肉含水量较猪肉多，但由于其肌纤维组织长而粗糙，肌间筋膜等结缔组织多，加热后凝固收缩性强，故牛肉的质感比猪肉、羊肉均老韧。所以，制作馅心时应选用鲜嫩无筋络的部位。牛肉的吸水性强，调馅时应多加些水，以增加其软嫩感。

鸡肉

（4）鸡肉　肉质纤维细嫩，由于含有大量的谷氨酸，因而滋味鲜美。鸡肉以颜色白里透红、有光泽、手感平滑、有弹性者为佳。用鸡肉制馅一般应选用当年鸡的胸脯肉。

（5）肉类制品

1）火腿是以猪的后腿为原料，经腌制、洗晒、整形、陈放、发酵等工艺加工成的腌制品。我国著名的火腿有浙江的金华火腿、江苏的如皋火腿和云南的宣威火腿。优良品质的火腿皮色黄亮、形似竹叶、肉质坚实、肉色红润、香气浓郁、无哈喇味、不走油。

2）咸肉又称腌肉，是以鲜肉为原料，用盐和其他调料腌制，不加烘烤脱水工序而制成的生肉制品。著名的咸肉有浙江咸肉、四川咸肉、上海咸肉等。优质咸肉外表干燥清洁，呈苍白色，无霉菌，无黏液；肉质坚实紧密，有光泽，瘦肉呈粉红、胭脂红或暗红色，肥膘呈白色；切面光泽均匀，质坚硬，有正常的清香味，煮熟后有腌肉香味。

3）腊肉是鲜猪肉切条后腌制，经烘烤或晾晒而成的肉制品，过去腊肉都是在农历腊月加工，故称腊肉。优质腊肉表里一致，煮熟切成片，透明发亮、色泽鲜艳、黄里透红，吃起来味道醇香、肥不腻口、瘦不塞牙。我国较为有名的腊肉有广东腊肉、湖南腊肉和四川腊肉。

用肉类制品制馅时，应先用水浸泡，待回软后熟制，再去皮、骨，切成小丁，如需要可拌入白酒。

2. 水产海味类

虾

（1）虾类　虾肉是制作三鲜类馅心的主要原料，从来源上分，主要有沿海产大虾和淡水产青虾两大类。

大虾也称对虾、脚虾、明虾，外壳呈青白色，肉色透明，肉质细嫩爽滑，味鲜美。青虾又称河虾、草虾，体色青蓝，有棕绿色斑纹，肉质鲜爽。用虾肉调馅时，要去掉须腿、皮壳，挑去虾线，按制品要求切丁或斩蓉，调味时一般不放料酒。

（2）海参　属海产棘皮动物，根据其背部是否有圆锥肉刺状的疣足，分为刺参和光参两大类。刺参体表有尖锐的肉刺，突出明显，如灰刺参、梅花参、方刺参等。光参表面有平缓突出的肉疣或无肉疣，表面光滑，如大乌参、辐肛参、白尼参等。一般来说刺参的质量优于光参，光参以大乌参质量最佳。

海参

海参一般干制去异味后保存，使用前需要涨发。由于海参种类多，选择海参时以形态饱满、质重皮薄、肉壁肥厚，水发时涨性大、出参率高，水发后糯而滑软、有弹性，质细无沙者为好。凡体壁瘦薄、水发涨性不大、手拿易碎者，品质较差。用海参制馅前，需要开腹去肠，洗净泥沙，再切丁调味。由于海参遇油后易熔化，所以用海参制馅时，一般切成较大的丁。

（3）干贝　是扇贝闭壳肌的干制品，是我国著名的海产“八珍”之一，以粒大颗圆、饱满形整、丝细肉肥、色浅略有光泽、表面有白霜、干燥有香气者为佳。由于干贝含有呈鲜物质谷氨酸、酰胺、肽类和琥珀酸等，所以常用于给无显现味的原料赋鲜增香。用干贝制馅时，需要先将干贝的老筋剔去，洗去泥沙，放入碗内加水上屉蒸透，能碾成丝状即为发好，并用原汤浸泡待用。

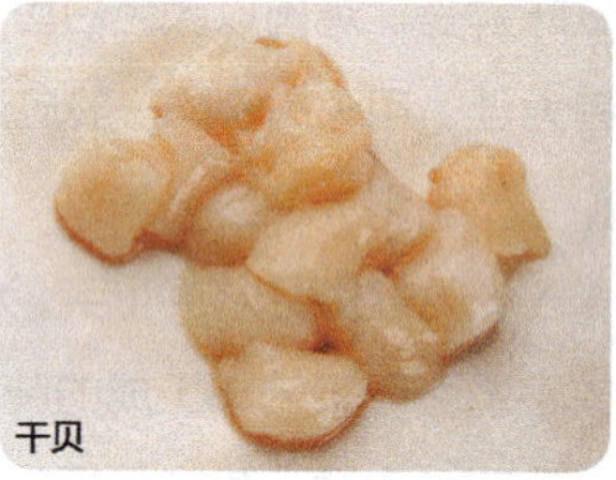
干贝

（4）鱼类　有上千个品种，用于制作面点馅心的鱼要选用肉嫩、质厚、刺少的鱼种，如青鱼、草鱼、鲶鱼、黑鱼、鲅鱼等。用鱼肉制馅，均需去掉鱼的头、皮、骨、刺。

（5）虾米　又称开洋，是水产白虾、红虾、青虾等经选料、清洗、煮制、晒干、去头、脱壳等工序制成的干制品。海虾制成的虾米称为“海米”，又称“金钩”，淡水虾制成的虾米称为“湖米”。虾米按色泽分，有淡黄、浅红、粉红色。金钩味细，略有干壳，肉坚味鲜，为虾米中的佳品。

虾米以体净肉肥、体形弯曲、体表鲜艳发亮、呈黄或浅红色、大小匀称、无杂质、无异味、无贴皮、无空头壳、味鲜而微甜者为上品。凡色暗、不光洁、颜色不一致、个体不完整、虾糠多、体形笔直或不太弯曲、潮湿有异味、盐味重者质量较差。

（6）虾皮　是毛虾制成的干制品，分为生晒虾皮和熟晒虾皮两种。生晒虾皮无盐分，鲜度高，不易返潮霉变。熟晒虾皮是将虾皮加盐煮沸，晒干而成，仍保持鲜味。虾皮入口松软，味道鲜美，主要用于馅心的增鲜提味。

虾皮个体呈片状、弯钩形，甲壳透明，色红白或微黄。辨别其品质，可以用手紧握一把，松手后虾皮即散开是干燥适度的优质品；松手不散，且碎末多或发黏则为次品或变质品。贮存时生晒虾皮和熟晒虾皮不能混放，分别保存才可保持原味。

3. 蔬菜类

（1）鲜菜类　叶菜类、果菜类、根茎类、茎菜类、食用菌均可作为制馅原料，一般具有鲜嫩、含水量大的特点，因此制馅大都需要经过择洗、切碎、脱水等初加工过程。

1）大白菜，又称结球白菜、黄芽菜，属于叶菜类制馅原料，是我国特产蔬菜之一，全国各地均有栽种，一般 9~11 月上市。大白菜以包心紧实，外形整齐，无老帮、黄叶和烂叶，不带须根和泥土，无病虫害和机械损伤者为佳。大白菜含水量较大，制馅时需要先焯水或剁碎后撒盐出水，挤去多余水分后再调味制馅。否则，大白菜馅极易出水，影响包捏成型。

大白菜

2）韭菜，属于叶菜类制馅原料，因割茬季节不同，分为春韭、伏韭、秋韭，还有在控制光照条件下种植的青韭和韭黄。春天韭菜味道鲜美，夏天品质转劣，秋季品质又转好，冬季的韭黄品质也较好。韭菜以植株粗壮鲜嫩，叶肉肥厚，色绿不带烂叶、黄叶，中心不抽花薹者为佳。由于韭菜含有特殊的香味和辛辣味，因此常在面点制馅中使用。用韭菜制馅应尽量最后放盐调味，否则由于盐的渗透压作用易使馅心出水。

韭菜

3）菠菜，又名赤根菜、鹦鹉菜等，属于叶菜类，分为尖叶菠菜和圆叶菠菜两类。菠菜原产于伊朗，目前我国各地均有栽种，春、秋、冬季均可上市供应。我国较为优质的品种有黑龙江的双城尖叶菠菜、北京尖叶菠菜、广州大乌叶菠菜、陕西春不老菠菜等。菠菜以色泽浓绿，叶茎不老，根红色，不抽薹开花，不带黄叶、烂叶，无虫眼者为佳。由于菠菜含较多草酸，口感稍涩，制馅时需要先焯水去掉涩味，再剁碎、挤水、调味即可。

菠菜

4）茄子，又称落苏、昆仑瓜等，属于果菜类。形状有圆、扁圆、卵圆和长棒形；果皮颜色有黑紫色、紫红色、淡绿色；肉质柔软，皮薄肉厚。茄子以果形周正、老嫩适度、无裂口、无锈皮、皮薄子少、肉厚细嫩者为佳。用茄子制馅时，需要提前在茄丝（丁）中撒盐，利用盐的渗透压作用将多余水分挤去，再调味拌馅，以便于包捏成型。

茄子

5）西葫芦，又称美洲南瓜、白瓜、茭瓜等，属于果菜类。西葫芦果实大多呈长圆筒形，果面平滑，皮呈绿色、浅绿色或白色，有绿色条纹。西葫芦以体态均匀、表面光滑、质地硬实、无锈斑、无磕碰斑痕者为佳。用西葫芦制馅时需要先擦丝，撒盐脱水，再调味拌馅。

西葫芦

6）萝卜，又称莱菔、芦菔，属于根菜类，是世界上古老的栽培蔬菜之一。有长、圆、扁圆、卵圆、纺锤、圆锥等形状；皮色有红色、白色、黄色、金黄色、绿色、紫色等。由于萝卜的肉质部分汁多、脆嫩，与牛羊肉一起制馅，还具有去除膻味的作用，因而受到大众的喜爱。萝卜以个头大小均匀，无病虫害，无糠心、黑心和抽薹现象，新鲜、脆嫩、无苦味、辛辣味者为佳。用萝卜制馅需要擦丝、焯水、过凉去味、挤净水分后使用，适宜制作面点馅心的品种有象牙白萝卜、水萝卜、胡萝卜等。

萝卜

7）莲藕，属于茎菜类，是莲的地下根状茎，由多段藕节组成，内有孔道，皮色黄白，含淀粉丰富。莲藕的品种较多，按上市季节分为果藕、嫩藕和老藕；按用途分为藕用种、子用种和花用种。作为面点制馅用藕以藕用种为佳。我国著名的品种有苏州花藕、杭州白花藕、宝应贡藕、安徽雪湖贡藕等。藕以藕身肥大、肉质脆嫩、皮薄肉厚、水分多而甜、带有清香味者为佳。用藕制馅时，需要将藕切细碎。

莲藕

8）芹菜，又称旱芹、药芹、香芹，我国南北各地均有种植，四季均有上市。根据叶柄的形状可分为中国芹菜和西洋芹菜两种。中国芹菜又称本芹，叶柄较细长，依叶柄颜色又分为青芹和白芹；西洋芹菜又称西芹，叶柄肥厚而宽扁，多为实心，味淡，脆嫩。芹菜以大小整齐，色泽鲜绿或淡绿，叶柄充实肥嫩、无锈斑，不带老梗和黄叶者为佳。用芹菜制馅时需要经过焯水、过凉的工艺过程，以去除其特殊味道，同时使芹菜颜色碧绿、口感更嫩。

芹菜

（2）干菜类　用于制馅的干菜类原料主要有木耳、玉兰片、香菇、黄花菜、梅干菜等。这些原料在制馅前一般需用清水涨发后才能使用。

1）木耳，又称黑木耳、云耳、黑菜、川耳等，是寄生于枯木上的一种食用菌。黑木耳以颜色乌黑光润、片大均匀、体轻干燥、半透明、无杂质、涨性好、有清香味者为佳。新鲜木

木耳

耳含有卟啉等有毒物质，经过曝晒干制处理后，大部分有毒物质会被分解，因此干木耳安全性较高。用木耳制馅时，需提前用清水浸泡，待其完全涨发，清洗干净，择去根部硬梗，再切碎调味。

2）玉兰片，是用鲜嫩的冬笋或春笋经加工制成的干制品或罐头制品，由于其形状和色泽似玉兰花瓣，故称玉兰片。玉兰片根据竹笋生长和加工季节的不同，分为尖片、冬片、桃片和春片。尖片又称玉兰宝，是在立春前用冬笋尖制得，质嫩味鲜，质量最佳。冬片次之，桃片再次之，春片为下。玉兰片的品质以色泽玉白、无霉点黑斑、片小肉厚、节密、质地坚脆鲜嫩、无杂质者为佳。用玉兰片制馅时，干制品需要先用清水浸泡回软，罐头制品需要先焯水去异味。

香菇

3）香菇，又名冬菇、香蕈、北菇、花菇等，是世界第二大食用菌，我国特产之一。由于其含有水溶性鲜味物质，故味道鲜美，香气扑鼻。香菇以菇香浓郁，个体均匀，肉质厚实，菌伞大小一致，伞边完整紧卷，菌柄短壮、干燥，不霉不碎者为佳。用香菇制馅时，需经 70℃的热水浸泡，待完全回软剪去菌柄，再切碎入馅。

4）黄花菜，又称黄花、金针菜，是鲜黄花菜的干制品。其品质以色泽金黄、有光泽、未开花、清洁干爽、韧性好、味清香者为佳。由于鲜黄花菜含有秋水仙碱，食用后会在胃中形成有毒的二秋水仙碱，而煮熟或晒干的黄花菜食用时无毒副作用。用干黄花菜制馅时，需要先用清水浸泡，待回软后择去一端的硬梗，再切碎入馅。

5）梅干菜，又称霉干菜、咸干菜，用鲜雪里蕻腌制后干制而成，主要产于绍兴、慈溪、余姚等地。梅干菜以色泽黄亮，咸淡适度，质嫩味鲜，香气正常，身干、无杂质、无泥沙、无硬梗者为佳。用梅干菜制馅时需要先用清水浸泡洗净杂质，待回软后再切碎调味。由于梅干菜有一定的吸水性，调制馅心时可适当增加芡汁。

技能训练 3　蔬菜原料的质量鉴别

1. 鉴别色泽

正常蔬菜都具有固有的颜色。优质的蔬菜色泽鲜艳、有光泽，如叶茎类通常为翠绿色，萝卜有红色、黄色、青色、白色等，茄子为紫黑色或青白色等，番茄为红色；次质的蔬菜虽有一定的光泽，但其色泽较暗淡；劣质的蔬菜色泽更暗，甚至无光泽。

2. 鉴别质地

质地是鉴别蔬菜品质的重要指标。优质的蔬菜质地鲜嫩、挺拔，发育充分，无黄叶，无刀伤；次质的蔬菜则梗硬，叶子较老且枯萎；劣质的蔬菜黄叶多，梗粗老，有刀伤，萎缩严重。

3. 鉴别含水量

蔬菜水分含量较多。优质的蔬菜保持着正常的水分，表面有润泽的光亮，刀口断面会有汁液流出；劣质的蔬菜则外形干瘪，失去水分，光泽暗淡。

4. 鉴别病虫害

病虫害是指昆虫和微生物侵染蔬菜的情况。优质的蔬菜无霉烂及虫害，植株饱满完整；次质的蔬菜有少量霉斑或病虫害，经拣挑后仍可食用；劣质的蔬菜严重霉烂，有霉味、虫蛀和空心现象，基本失去食用价值。

此外，蔬菜的品质还与存放的时间有很大的关系，存放时间越长，蔬菜的质量下降越严重。

技能训练4　肉类原料的质量鉴别

1. 鉴别色泽

不同种类的肉有不同的颜色，根据 1.2.2 节所讲内容选择。

2. 鉴别持水性

肉的持水性是指肉在加工过程中对肉中固有的水分及添加到肉中的水分的保持能力。肉的持水性取决于肉品凝胶结构和蛋白质的亲水性，对肉的嫩度、多汁性等特点有很大的影响。不同动物肉的持水性不一样，家兔肉的持水性最好，牛肉、羊肉、猪肉、鸡肉的持水性依次降低，因此在调制馅心时，要根据肉的持水性进行打水。

3. 鉴别嫩度

肉的柔嫩度使用三种表示方式：第一是当咀嚼开始时牙齿咬入肉中的难易程度；第二是把肉类咬断成片的难易程度；第三是在咀嚼后所残留的量有多少。在调制馅心时除调味外，最关键的是肉质的嫩度。

4. 鉴别气味

各种肉类原料有典型的气味，无异味者为质佳。

5. 鉴别质地

肉质有弹性者为质佳。

技能训练5　鱼的质量鉴别

1. 鉴别鱼鳃

新鲜鱼的鳃紧密质坚，鳃内洁，鳃板鲜红，黏液较少并呈透明状，没有异味；不新鲜鱼的鳃盖松弛，表面污秽，鳃内不洁，鳃板黑灰，黏液多并有异味。

2. 鉴别鱼眼

新鲜鱼的眼球饱满稍突出，眼澄清而透明，并且很完整，周围没有充血发红现象；腐败鱼的眼球破裂，且位置发生移动。

3. 鉴别鱼鳞

新鲜鱼的鱼鳞鲜明，有光泽，附着牢固，不易剥脱，无黏液或表面有透明无异臭味的少量黏液；不新鲜鱼的鱼鳞光泽稍差，黏液较多；腐败鱼的鳞很易剥脱，光泽暗淡，表面黏液多，且混浊黏腻，有异臭味。

4. 鉴别鱼鳍

新鲜鱼的鱼鳍表皮完好；新鲜度较差的鱼，鱼鳍表面部分破裂，光泽减退；腐败的鱼，鱼鳍表皮消失，翅骨暴露而散开。

5. 鉴别鱼唇

新鲜鱼的鱼唇肉结实，不变色；不新鲜的鱼，唇部肉苍白无光泽；腐败鱼的唇肉苍白，并与骨分离开裂。

6. 鉴别鱼肉

新鲜鱼的肉组织紧密而有弹性，肋骨与脊骨处的鱼肉组织很结实；不新鲜鱼的肉松弛，用手拉脊骨与肋骨极易脱离；腐败鱼的肉有腐味、酸味。

1.2.3 制馅调味品的选择

1. 固态复合调味品

复合调味品是指两种以上单一调味品经过进一步加工制成的调味料。目前市场上复合调味品种类较多，中式面点工艺中常用的有以下几种：

（1）五香粉　由多种香料混合配制而成的复合调味料，呈细末状，主要原料有八角、桂皮、花椒、小茴香、丁香、甘草、干姜、豆蔻、陈皮等，香味浓郁，有辛辣味和微弱的甜味。

优质五香粉色泽呈褐红色或棕黄色，辛辣味浓，粉末细而均匀，无杂质，无霉变，主要用于面点馅心的调味。

（2）胡椒粉　以干胡椒为原料碾压而成，分为白胡椒粉和黑胡椒粉两种。白胡椒粉由成熟的胡椒果实脱去果皮的种子加工而成，色灰白，气味较浓，品质较好；黑胡椒粉由未成熟而晒干的胡椒果实加工而成，果皮皱而黑，气味较淡。

胡椒粉加入馅料中具有去腥、提味、增鲜、增香等作用。

（3）咖喱粉　源于印度，20 世纪初传入我国，现我国各地均有加工制作。咖喱粉是由胡椒、生姜、辣椒、辣根、肉桂、肉豆蔻、茴香、芫荽子、甘草、橘皮、姜黄等 20 多种香辛调料制成的粉状调味料。咖喱粉以色泽深黄，粉质细腻，无结块、无杂质、无异味者为佳。中式面点工艺中主要用于广式点心咖喱牛肉馅的制作。

（4）椒盐　花椒经去梗、去籽、翻炒、冷却、碾细等工艺，与盐按 1∶4 的比例配制而成，味道鲜麻香，外表为浅褐色粉状。厨师一般自己配制，现用现制。

（5）腐乳　又称豆腐乳、霉豆腐等，是以大豆或冷榨豆饼为原料，经制坯、发酵、腌制、入汤料，密封制成。腐乳通常分为青方、红方、白方 3 大类，质地细腻，醇香可口、味道鲜美。腐乳以色泽纯正均匀、块状整齐完整、表面挂汁不干者为佳。腐乳滋味咸中带鲜，风味独特，营养丰富，添加在菜肴或馅心中可起到提鲜、增香、和味的作用。

2. 液态调味品

（1）酱油　以大豆、面粉、麸皮等为主要原料，经过微生物酶或其他催化剂的催化水解生成多种氨基酸及各种糖类，并以这些物质为基础，再经过复杂的生物化学变化合成的具有特殊色香味和形态的调味品，是烹调中适用范围最广的调味品之一。酱油品种很多，配料各异，色味有别，按生产工艺和方法的不同分为酿造酱油和配制酱油；按颜色分有红酱油、白酱油等；按形态分有液体酱油、固体酱油、粉末酱油等；按风味分有辣味酱油、五香酱油、海鲜酱油、蘑菇酱油等。

（2）食用醋　是我国传统调味品，以粮食、果实、酒类等含淀粉、糖、酒精的原料经微生物发酵酿造而成的酸性液体调味品。醋的主要呈味物质是醋酸，同时含有少量不挥发酸、氨基酸、糖等。按工艺的不同分为米醋、香醋、熏醋、白醋、陈醋和人工合成醋等。我国的四大名醋是：山西老陈醋、镇江香醋、阆中保宁醋和永春老醋。

1）老陈醋，山西特产，为我国四大名醋之首，素有“天下第一醋”的盛誉，至今已有 300 多年的历史。制作陈醋的主要原料有高粱、麸皮、谷糠、大曲、盐、大料等，经过多道工序和较长时间陈酿，色泽为棕红色、琥珀色或红褐色，有光泽，味道以绵、酸、甜、香为主，以色、香、醇、浓、酸 5 大特征著称于世。

2）镇江香醋，又称镇江醋，是江苏著名特产。镇江香醋属于黑醋（乌醋），比起其他醋有一种独特的香气，具有酸而不涩、香而微甜、色浓味鲜、越存越醇的特点。

3）阆中保宁醋，是四川的传统名产。在我国四大名醋中，保宁醋是唯一的药醋，素有“东方魔醋”之称。保宁醋的酿制有两个特点：一是酿醋用的药曲用五味子、草豆蔻、砂仁、杜仲、枸杞子、建曲、荆芥、薄荷等生津开胃、健脾益神的 60 多种中药为原料制成；二是制醋用的水取自嘉陵江中流的冬季的水。酿成的醋，香味浓郁、酸而微甜、入口生津、久存不腐。保宁醋呈棕黄色，滴入细瓷碗内旋转，会如菜油一样均匀地沾在碗边（称为“挂碗”）。如无生水浸入瓶内，可久存不腐，而且越存香气越浓郁。

4）永春老醋，为福建特产，选用优质糯米、红曲、芝麻、白糖为原料经独特技术精心酿造而成。永春老醋色泽棕黑、强酸不涩、酸而微甘、醇香爽口、回味生津，且久藏不腐，品质优良。永春老醋不加盐和防腐剂，含有多种氨基酸等营养成分及多种对人体有益的发酵微生物，是与其他食醋最大的区别。

（3）料酒　是专门用于烹饪调味的酒。从理论上来说，啤酒、白酒、黄酒、葡萄酒都可用作料酒。经过实践，人们发现用黄酒作为烹饪料酒效果最佳。黄酒别名老酒、绍酒，在我国福建、山东、浙江等地均有生产，其中以浙江绍兴所产最负盛名。黄酒以糯米或小米为原料，是在酒药、麦曲和浆水中的多种霉菌、酵母菌和细菌的共同作用下制成的一种低度酿造酒，酯类含量高，富含氨基酸，所以香味浓郁，味道醇厚。中式面点工艺中料酒主要用于调制肉类馅心和卤臊浇头时去腥增香。我国料酒的优质品种有元红酒、加饭酒、善酿酒和香雪酒 4 种。

3. 酱状调味品

（1）甜面酱　又称甜酱、京酱，是以小麦面粉为原料，经洗涤、浸渍、蒸煮、冷切、种曲、制曲、加盐水、发酵、后熟制成的酱类调味品，我国北方食用较多。甜面酱的甜味来自发酵过程中分解产生的麦芽糖、葡萄糖等物质；鲜味来自蛋白质分解产生的各类氨基酸；咸味来自加入的盐。甜面酱以色泽黄褐（或红褐），有光泽，黏稠适度，味醇厚鲜甜，无酸、苦、焦及其他异味，无杂质者为佳。

（2）叉烧酱　是广式点心馅心使用的一种酱状调味品，以酱油、蚝油、海鲜酱、料酒、白糖、蒜蓉、蜂蜜、盐、五香粉等为原料配制而成，色泽酱红、口味甜咸、味道香浓醇厚。

（3）番茄酱　是鲜番茄的酱状浓缩制品，由成熟的番茄经破碎、打浆、去除皮和籽等粗硬物质后浓缩、装罐、杀菌而成。番茄酱是鲜红色酱体，具有番茄的特有风味，常用于面臊的增色、添酸、助鲜、增香，是一种富有特色的调味品。

1.3 原料加工

1.3.1　生馅原料加工工具

1. 馅心加工设备

（1）绞馅机　又称绞肉机，主要用于馅心原料的粉碎。它是靠旋转的螺杆将料斗中的原料推挤到预切孔板处，利用转动的切刀刃和孔板上孔眼刃形成的剪切作用将原料切碎，并在螺杆挤压力的作用下，将原料不断地输送到机外。根据物料性质和加工要求的不同，配置相应的刀具和孔板，即可加工出不同尺寸的颗粒。

绞馅机的使用方法（以绞制肉馅为例）：

1）将洗净的肉切割成长条。

2）根据绞制成品的粗细，选择不同的刀具和孔板。

3）安装刀具和孔板。

4）接通电源，再按启动按钮。

5）在料桶中放入切成条的原料，并用专用送料棒将料送入料斗，随绞随放。

6）按停机按钮，关闭电源。

7）拆卸刀片等零部件，清洗并擦干。

8）将零部件组装、固定还原。

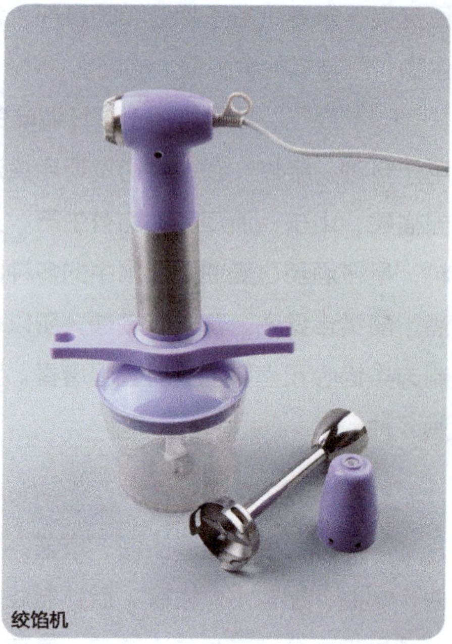
绞馅机

绞肉机的使用要求：

1）粉碎物料前，要先接通电源，后按启动按钮。

2）粉碎物料时，必须使用专用送料棒送料，不得将手放入料斗内。

3）物料粉碎结束，要先按停机按钮，再关闭电源。

（2）粉碎机　主要用于干果原料的细碎加工和果蔬原料汁液的榨取，一般配备两个料桶和两把以上的刀具，以适应不同质地的原料。

粉碎机的使用方法：

1）选择适宜的刀具安装在料桶内。

2）将待粉碎原料放入料桶内。

3）盖严料桶盖子，并使之卡死。

4）接通电源，调整速度按钮，启动开关，粉碎物料。

5）将开关归位关闭。

6）将桶内物料倒出。

7）取下刀具、料桶清洗并擦干。

8）将零部件组装、固定还原。

粉碎机的使用要求：

1）根据物料的性质选择适宜的料桶及刀具。

2）不能用手直接接触刀刃，防止划伤。

3）粉碎机用毕，需要立即清洗料桶、刀具，并用干布擦干，否则再用时会出现异味。

粉碎机

2. 原料加工刀具

（1）刀的种类

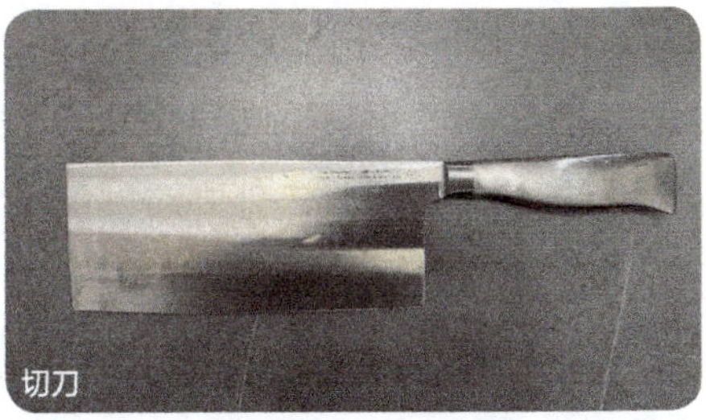
切刀

1）切刀，是厨房中最普遍、最常见的刀。刀身呈长方形，刀刃前平薄后略厚，刀身上厚下薄，刀背前窄后宽，刀柄满掌。切刀刀柄短、惯力大、一刀多能，使用方便省力，适于切、剁、削。

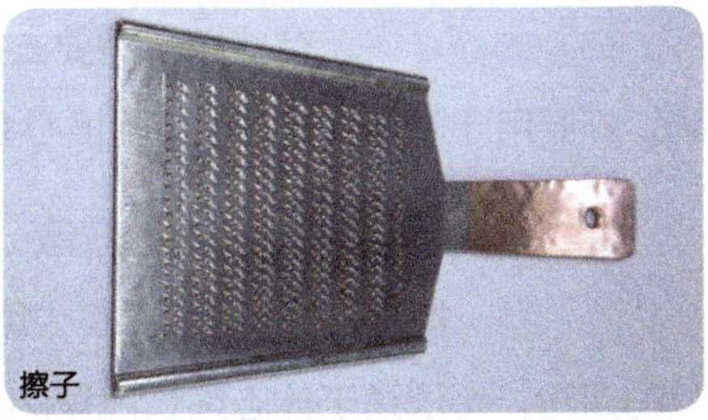
擦子

2）擦子，又称擦冲、擦床，是加工丝类原料的工具。传统擦子的擦床用竹子制作，刀具部分为金属材料。现在擦床大多用塑料（也有不锈钢材料）替代，但刀具部分仍然为金属材料。

去皮刀

3）去皮刀，又称削皮刀、刮皮刀，刀把用硬塑料、金属、木质材料制作，刀刃用不锈钢材料制作，小巧灵便，用于瓜果类、薯类、根茎类原料的去皮。

（2）刀具的使用与保养

1）正确使用刀具。要正确掌握好下刀力度和角度，正确运用腕力，对准原料切入点下刀，防止刀刃崩裂。

2）正确选用刀具。以便于切配、便于加工、便于使用为依据，根据食材选择合适的刀具。

3）正确保养刀具。刀具使用后，必须用清水洗净，再用干净的抹布擦去表面水分。特别是在加工含盐、碱、酸及带有黏液较多的原料（如咸肉、榨菜、土豆、山药等）后，更要及时将刀具洗净、擦干。否则，黏附在刀面上的残留物会腐蚀刀面，使刀生锈。

刀具不用时，应放置在安全、洁净、干燥的刀具架（或刀箱）上，以防刀具生锈、伤人。

为保持刀刃锋利，要经常磨砺刀具。

1.3.2 生馅原料加工方法

1. 馅心原料初加工基本方法

（1）选料择洗 根据所制面点馅心的特点要求，选择适宜、品质优良的原料进行择洗，将新鲜蔬菜去蒂，去黄叶、烂叶、老叶，去泥沙并用水清洗干净。洗蔬菜时要用水适当浸泡，将蔬菜叶子中夹的泥沙泡出冲净。

（2）去皮 指将茄果类、根茎类蔬菜削去外皮。如用冬瓜、南瓜、莲藕等制作馅心前，需要用削皮刀或菜刀去皮。原料去皮一定要去干净，否则调制出的馅心会有硬颗粒，影响馅心的口感和面点产品的造型。

（3）去壳　指将表面有硬壳的干鲜果去掉外壳。如花生、瓜子、松子等要先去掉表面硬壳。需要注意的是，去外壳时尽量不要把外壳破得太碎，否则调制馅心时，容易残留细碎外壳，影响馅心质量和食用安全。

（4）去核　指将有仁核的原料剔去内核，主要用于各类干鲜果类原料的制馅加工。鲜果去核时直接用刀切开去核，而干果要先去壳后才能去核。

（5）去除异物　有些原料需要去掉有不良味道的部分，如莲子要去除苦心，海参要去除肠，虾要用牙签挑去虾线，否则馅心会出现不良气味和味道。

2. 馅心原料加工的基本方法

（1）切　指刀刃距离原料 0.5~1 厘米时，运用手腕的力量向下切，使原料分离成为更小形状的刀法。切法适于体态细长蔬菜的细碎加工，如韭菜、香菜、茴香、豇豆、芹菜等，同时也适合将原料加工成丁、丝、小块状，如豆腐干丁、葱丝、姜丝等。

（2）剁　指刀刃距离原料 5 厘米以上，运用小臂的力量垂直用力迅速剁断原料，使其成为细碎形状的刀法。面点制馅工艺中，先切后剁是较为常见的刀法，适合叶片大、茎叶厚的蔬菜加工，如大白菜、圆白菜、莴笋、竹笋等，同时也适合将原料加工成末、蓉、泥状，如虾泥等。

（3）擦　指利用擦丝工具，将原料紧贴擦床进行摩擦，使其成为细丝形状的方法。擦法往往与剁结合，先擦后剁使原料细碎，适合根茎类、茄果类原料的细碎加工，如萝卜、南瓜、土豆、西葫芦、莲藕等。

（4）绞　指借助绞肉机的功能，将原料绞碎成细小颗粒、泥蓉、浆状物的方法。如各类生肉馅的初步加工、果蔬菜汁的加工、干果原料的粉碎等。

3. 生馅原料的水分控制

（1）焯水　又称出水，是指将原料放入冷水或沸水锅中烫制的工艺过程。焯水可减轻蔬菜的涩、苦、辣味和动物原料的血污腥膻等异味；可使蔬菜颜色更鲜艳，质地更脆嫩，还可以调节原料的成熟时间，便于原料进一步加工。

1）焯水方法：面点制馅工艺中，需要焯水的原料种类较多，形状各异，有些原料可洗净后直接焯水再粉碎，如菠菜、油菜、小白菜等；有些原料需要初步加工成型后再焯水，如萝卜、芹菜、竹笋等。蔬菜基本焯水方法是：水锅上火烧开，放少量盐；将初加工好的原料放入锅中稍烫；待原料纤维组织变软，用笊篱将原料迅速捞出；立即放入冷水盆中冷却（多数原料焯水需要此步骤）；将原料从冷水盆中捞出，放在筛子上控干水分。荤料冷水入锅，保持微沸一会儿，捞出冲净血沫。

2）焯水注意事项：

① 开水下锅，及时翻动，适时出锅，否则影响原料的色、脆、嫩。

② 掌握火候，适当加盐。要根据原料形状掌握加热时间，焯绿叶蔬菜，水中适量加盐，可以起到护色的作用。

③ 及时换水，分别焯水。焯特殊气味的原料，要及时换水，防止“串味”；形状不同的原料，要分别焯水，不能“一锅煮”，防止生熟混乱。

④ 冷水过凉，控干水分。蔬菜原料在焯水后应立即投入凉水中，然后控干水分，以免因余热而使之变黄、熟烂。

（2）挤水　使用新鲜蔬菜制馅，需要在调味拌制之前，去除菜中多余的水分。挤水的方法：一是将新鲜蔬菜切成细丝或碎粒，在碎粒原料中撒盐，然后揉搓，通过盐的渗透压作用，使新鲜蔬菜中多余的水分析出，用纱布把原料中渗透出的水分挤压干净；二是开水焯烫后再挤掉水分。通过挤水，减少新鲜蔬菜的含水量，便于面点包捏成型。

挤水注意事项：

1）根据蔬菜种类，选择适宜的挤水工艺。

2）蔬菜挤水工艺尽量在短时间内完成，时间久了会影响其外形及营养成分。

3）如果制作咸馅，挤水前可加少量盐；如果制作甜馅，挤水前可加少量白糖。

（3）打水　通过搅拌在肉馅中逐渐加入水分的工艺过程。其目的是使肉馅含水量增加，质感更松嫩。

1）打水的方法：

① 将肉泥放入盆中，加入盐，搅打上劲。

② 将适量水放入肉中，沿着一个方向不断搅打，直至上劲。

③ 分次少量加水，搅打至上劲，反复多次。

2）打水的注意事项：

① 根据肉的特点确定水量。肉的种类、部位不同，其持水性就不同，因而打水量也不同。牛肉、羊肉、猪肉、鸡肉的持水性依次降低，打水量也依次降低。

② 分次加水，每次少加。肉质吸水有一个过程，水要分次逐渐加入且每次加水量要少。

③ 打水要始终沿着一个方向搅拌，不能无规则地顺逆混搅，否则馅心搅打上劲时间会变长，影响调馅效率。

④ 调好的肉馅最好放入冰箱适当冷藏，便于面点的包捏成型。

技能训练 6　焯水——萝卜的制馅加工

1. 操作准备

（1）**设备及工具**　电子秤、厨刀、煮锅、案台、砧板、盆、纱布、手勺、漏勺、筛子。

（2）**原料**　萝卜适量。

2. 操作步骤

（1）**择洗** 将萝卜用刀去掉叶子和根须，然后用水洗干净。

（2）**切丝** 用刀将萝卜切成均匀的细丝。

（3）**焯水** 炉灶点火，锅内放水烧开，将切好的萝卜丝倒入锅内，旺火沸水煮 3 分钟，用漏勺捞出，倒入冷水盆内过凉。

（4）**挤水** 把冷却的萝卜丝倒在筛子内控净水，再用纱布裹住萝卜丝，将水挤干即成。

3. 质量标准

原料的特殊气味减弱，成品柔顺，便于面点包捏成型。

4. 注意事项

1）萝卜要加工成均匀的细丝（也可用擦子擦成丝），否则焯水后的萝卜丝成熟程度不同，影响馅心的质感。

2）萝卜丝焯水时要开水下锅，否则萝卜丝不爽脆。

5. 适宜原料

此种先将原料加工成碎料，再用沸水焯料的蔬菜制馅加工方法，还适用于胡萝卜、芹菜等原料的回软和去除特殊味道。

技能训练 7 焯水——油菜的制馅加工

1. 操作准备

（1）**设备及工具** 炒锅、厨刀、电子秤、案台、砧板、盆、纱布、手勺、漏勺、筛子。

（2）**原料** 油菜适量。

2. 操作步骤

（1）**择洗** 将油菜去掉黄叶、烂叶，清洗干净。

（2）**焯水** 将油菜整个放入沸水锅中焯水，用漏勺捞出后，放入凉水中过凉。

（3）**加工** 将油菜从凉水盆中捞出，放在筛子上控净水分，再用刀切碎、剁碎。

（4）**挤水** 将剁碎的油菜用纱布包裹挤压去水分即可。

3. 质量标准

菜中含水但不出水，质地柔软、质感稍黏，易于面点包馅成型。

4. 注意事项

1）油菜要先焯后剁，便于加工操作。

2）油菜焯水后要用凉水过凉，以保持菜的碧绿颜色和脆嫩质感。

5. 适宜原料

此种先将原料焯水、过凉，再切碎、剁碎的方法，适用于菠菜、小白菜、豆角等制馅原料的加工。

技能训练8 脱水——西葫芦的制馅加工

1. 操作准备

（1）**设备及工具** 案台、盆、电子秤、厨刀、砧板、筛子、纱布。

（2）**原料** 西葫芦1000克、盐10克。

2. 操作步骤

（1）**选料择洗** 选取新鲜的西葫芦，用水冲洗干净，控净水分。

（2）**刀工处理** 将西葫芦置于砧板上剖开、切成细丝。

（3）**腌渍** 将西葫芦丝放进盆内，加入盐，用手抄拌后，腌渍15分钟。

（4）**挤水** 将出水的西葫芦丝倒入筛子内控净水分，再用纱布包裹挤压，去除水分，切碎即可。

3. 质量标准

西葫芦粒中含水但不出水，质地柔软、质感稍黏，易于面点包捏成型。

4. 注意事项

西葫芦丝撒盐腌制的目的是利用盐的渗透压作用，使西葫芦丝中的部分水分析出，保证成馅后不出水。

5. 适宜原料

此种先将原料加工成碎料，再利用盐的渗透压作用使蔬菜去水的方法，适用于西葫芦、茄子、冬瓜、黄瓜等制馅原料的去水。

技能训练9 加水——羊肉的制馅打水

1. 操作准备

（1）**设备及工具** 案台、电子秤、量杯、厨刀、盆、多功能搅拌机。

（2）**经验配方** 羊肉5000克、花椒水2000毫升、盐50克、生抽100毫升。

2. 操作步骤

（1）**初加工** 洗净羊肉，用刀切成小粒或用绞肉机粗眼刀绞碎。

（2）**操作准备** 把羊肉放进多功能搅拌机内，安装上打馅机头。

（3）**打水**　向羊肉粒中加入盐和生抽，开动机器，先用 1 档将肉馅搅拌均匀，再改成 2 档，用盆盛装花椒水，慢慢往肉馅内加，边加花椒水边搅打，直到 2000 毫升花椒水全部加完，即可完成肉馅的打水，此后可以加入其他调味品，如白糖、味精、葱花、香油等进行调味。

3. 质量标准

馅中含水量足，但表面不出水，肉质滑软鲜嫩。

4. 注意事项

1）羊肉的刀工处理要用粗眼绞肉机或手工切，否则肉馅没有嚼劲。

2）加花椒水时要用 2 档，否则会影响肉馅的吸水效果。

3）羊肉馅打水前要先加盐、生抽等咸味调味品，利于羊肉粒的吸水。

5. 适宜原料

此种水打肉馅的方法，也适用于猪肉、牛肉等制馅原料。

1.4 馅心调制

1.4.1 生咸馅的调制

1. 生荤馅

（1）概念　生荤馅以畜肉为主，可配以禽类、水产品等鲜活原料，经刀工处理后，再调味、加水（或掺冻）拌制而成。其特点是馅心松嫩，口味鲜香，卤多不腻。

（2）生荤馅的加工

1）选料加工。生荤馅的选料，首先应考虑原料的种类和部位，不同种类的原料性质不同，而同一种类不同部位的原料特点也不同。其次，肉的肥瘦比例要合适，肥瘦比一般为 4:6 或 3:7。加工时剔除筋皮，再切剁成细小的肉粒。在剁馅时淋一些花椒水，可去膻除腥，增加鲜美味道。

现在大多使用机器粉碎肉料，绞肉机绞出的肉馅比人工刀剁的效率更高、肉质更加细腻，虽利于面点包捏成型，但会影响成品的口味和质感。

2）调味。调味是为了使馅心咸淡适宜、口味更加鲜美。调味和加水的先后顺序应依肉的种类而定。调味品的选用也因原料的种类、产地的不同而有差异。

调制生荤馅的调味品主要有葱、姜、盐、酱油、味精、香油，还有花椒、胡椒粉、料酒、白糖等。调馅时应根据所制面点品种及其馅心的特点和要求择优选用，不能随意乱用，避免出现怪味、异味。

调肉馅时应先放盐、酱油，搅打上劲后根据肉泥的具体情况分次加水，再次搅打上劲后加入白糖、味精、葱花、香油等调料充分搅拌成馅。因猪肉的质地比较嫩，脂肪、水分含量较多，如果加水之后再调味，会不易入味。调羊肉、牛肉馅类似，因羊肉、牛肉的纤维粗硬，结缔组织较多，脂肪和水分含量较少，所以，调馅时应加入盐、酱油、料酒先搅打上劲，搅拌均匀后，依具体情况适当分次加水，搅打出黏性后再加味精、葱花、香油等调料，搅匀成馅心。

3）加水或掺冻。

① 加水。肉类原料经过剁或绞加工成泥，根据肉质特性添加适量的水使其质地变得松嫩多汁，根据肉的种类、部位、肥瘦、老嫩等情况灵活掌握吃水量。

② 掺冻。掺冻是为了增加馅心的卤汁，在包捏时仍保持稠厚状态，便于成型。冻有皮冻和粉冻之分。

皮冻用猪皮熬制而成。在熬制时只用猪皮、清水、调味品，不加其他原料的属于一般皮冻。熬好后将肉皮中的不溶物捞出，只用汤汁制成的冻叫水晶冻；用猪骨、母鸡或干贝等原料制成鲜汤后再与鲜猪皮熬成的皮冻（不溶物捞出）质量更好。此外，皮冻还有硬冻和软冻之分，其制法相同，只是所加汤水量不同。硬冻加水量为 1:（1.5~2），软冻加水量为 1:（2.5~3）。硬冻多在夏季使用，软冻多在冬季使用。多数卤馅和半卤馅品种都在馅心中掺入不同比例的皮冻，尤其是南方的小笼包、汤包，皮冻是其馅心的主要原料。

粉冻是将水淀粉上火熬搅成冻状，晾凉后掺入馅心中，其目的除使馅心口感松嫩外，还为了在成型时利用馅心的黏性粘住隆起的皮褶，如内蒙古的羊肉烧卖。

馅料内的掺冻量应根据制品的特点而定，纯卤馅品种其馅心以皮冻为主，半卤馅品种则要依皮料的性质和冻的软硬而定，如水调面皮坯组织紧密，掺冻量可略多；嫩酵面皮坯次之；大酵面皮坯较少。

2. 生素馅

（1）概念 生素馅是将新鲜蔬菜经过择洗、加工、调味、拌匀后制成的馅心，鲜嫩、清香、爽口，能保留原料原有的香味和营养成分。

（2）生素馅的加工

1）选料择洗。根据所制面点馅心的特点要求，选择适宜的蔬菜，去根、皮或黄叶、老边后清洗干净。

2）刀工处理。有切、先切后剁、擦和擦剁结合等方法。切适合叶片薄而细长或细碎的蔬菜，如韭菜、香菜、茴香、茼蒿等；先切后剁，适合叶片大或茎叶厚实的蔬菜，如大白菜、莴笋、甘蓝、芹菜等；擦和擦剁结合，适合瓜菜、根菜和块茎类蔬菜，如豆角、土豆、萝卜等。根据制品的要求和蔬菜的性质选择适合的刀工处理方法，以细小为好。

3）去水分和异质。新鲜蔬菜中含水分较多，不能直接使用，必须在调味拌制前去除多余水分。根据原料的不同选择适宜的去水方法。

此外，由于莲藕、茄子、土豆、芋艿等蔬菜中含有单宁，加工时在有氧的环境中与铁器接触即发生褐变，应避免用铁刀切；青萝卜、小白菜、油菜等蔬菜中均带有异味，经过盐渍或焯水可有效去除。

4）调味。去掉水分的蔬菜馅料较干散，无黏性，缺油脂，不利于包捏。因此，在调味时应选用具有黏性的调味品和配料，如熟猪油、酱、鸡蛋等，这样不但增强了黏性，改善了口味，同时也提高了营养价值。调味时，应根据其性质按顺序加入调味品，如先加姜、花椒等调料，后加盐、味精、黄酱，再加熟猪油，这样既可入味，又可防止馅料中的水分进一步外溢。香油等提香提鲜调味品最后投入，可避免或减少鲜香味的挥发和损失。

5）拌和。馅料调味后拌和要均匀，但拌制时间不宜过长，以防馅料进一步出水。拌好的馅心也不宜放置时间过长，最好随用随拌。

3. 生荤素馅

（1）概念 生荤素馅是中式面点工艺中最常用的一类咸馅。几乎所有可食的畜禽类、蔬菜类原料均可相互搭配制作此类咸馅。其特点是营养搭配较为合理，口味协调，质感鲜嫩，香醇爽口。

（2）生荤素馅的加工

1）调制荤馅。选择合适的动物性原料经刀工处理后，按照调制生荤馅的操作要求调制成馅。

2）加工蔬菜。将蔬菜择洗干净后，不需要去水分的可直接切细碎，需要去水分的，可在切剁时撒一些盐，剁细碎后再用纱布包起来挤去水分。

3）拌和成馅。将加工好的蔬菜末放入调好味的荤馅内搅拌均匀即成。

技能训练 10 制作生素馅——韭菜鸡蛋馅

1. 操作准备

（1）设备及工具 案台、炒锅、电子秤、量杯、厨刀、砧板、小勺、盆、木铲、纱布。

（2）经验配方 韭菜 500 克、鸡蛋 200 克、粉丝 50 克、老豆腐 100 克、虾皮 20 克。

（3）调味原料 盐 12 克、味精 3 克、胡椒粉 2 克、五香粉 2 克、鸡精 3 克、香油和花椒油各 10 毫升、熟猪油 30 克。

2. 操作步骤

（1）**选料** 选择色泽鲜绿、表面光洁的嫩韭菜。

（2）**择洗** 择掉不能食用的烂叶，用水浸泡 2 分钟左右，双手捏住韭菜叶子，把韭菜的根对准水盆上下抖动，将韭菜中的泥土洗涮干净，而不破坏韭菜的组织。

（3）**初加工** 粉丝用热水浸泡 20 分钟，回软后控净水分，切碎；虾皮用水冲洗干净，用纱布挤干水分；韭菜、老豆腐分别切成小粒；鸡蛋用热油炒制成熟，边炒边打散，盛出后剁碎。

（4）**抄拌** 所有原料放在盆内，用木铲顺着一个方向抄拌均匀。

（5）**调味** 撒上盐、味精、胡椒粉、五香粉、鸡精，再顺着一个方向抄拌均匀。最后加入花椒油和香油，抄拌均匀即可。

3. 质量标准

（1）**颜色** 色彩明亮艳丽，韭菜绿，鸡蛋黄，粉丝、豆腐白。

（2）**口味** 咸鲜适口。

（3）**质感** 油润、松散、爽嫩。

（4）**气味** 韭菜辛香味浓郁。

4. 注意事项

1）韭菜要涮洗干净，否则馅心会有异味，吃起来牙碜。

2）主辅原料切配大小要一致，否则不易包捏。

3）抄拌时，都要顺着一个方向抄拌，否则容易出水。

5. 适宜品种

此馅适用于蒸、煮、烙类面点，如包子、饺子、馅饼等。

技能训练 11 制作生荤馅——猪肉馅

1. 操作准备

（1）**设备及工具** 案台、电子秤、量杯、厨刀、小碗、保鲜膜、砧板、不锈钢盆、木铲、纱布、馅挑。

（2）**经验配方** 猪夹心肉 500 克、葱 15 克、姜 5 克、料酒 5 毫升、生抽 4 毫升、老抽 5 毫升、盐 5 克、白糖 3 克、胡椒粉 6 克、鸡粉 3 克、清水 150 毫升、香油 11 毫升。

2. 操作步骤

（1）**初加工** 将猪肉用刀剁成细粒；葱、姜洗净，分别切成葱花、姜末。

（2）**打水** 将切好的肉粒放在盆内，放入老抽、生抽、盐搅拌均匀；加入少量清水，用馅挑顺一个方向搅拌至上劲，再次加入清水，再次搅打至上劲，直至清水全部加完，搅打上劲。

（3）**调味** 将料酒、白糖、胡椒粉、鸡粉同时加入肉馅中搅拌均匀，最后倒入香油搅拌均匀。

（4）**密封** 将打好的肉馅倒入干净的不锈钢盆内，用保鲜膜密封住，冷藏12小时再用，效果最佳。

（5）**成馅** 此肉馅在使用前放入姜末、葱花，搅拌均匀即可。

3. 质量标准

（1）**颜色** 酱红色、油润。

（2）**口感** 咸鲜适口。

（3）**质感** 松软、滑嫩，不干、不硬、不柴。

（4）**气味** 香而不腻。

4. 注意事项

1）猪肉最好用刀剁碎或用粗眼的绞肉机绞碎，否则馅心的持水性不好。

2）打水时要分次少量加入清水，否则馅心会澥水。

3）打水搅拌时必须顺着一个方向搅打，易上劲。

4）每次搅打必须至上劲且水分全部吸入肉馅时才可再次加水，否则馅心会澥水。

5）馅心打好放入冰箱冷藏能增加馅心的硬度，便于面点包馅成型。

5. 适宜品种

此馅适用于蒸、煮、烙类面点，如包子、饺子、馄饨、肉饼等。

技能训练12 制作生荤素馅——羊肉萝卜馅

1. 操作准备

（1）**设备及工具** 案台、电子秤、量杯、厨刀、擦丝器、保鲜膜、砧板、不锈钢盆、小勺、木铲、纱布。

（2）**经验配方** 羊肉500克、象牙白萝卜500克、葱花100克、姜末30克、料酒7毫升、酱油20毫升、盐10克、花椒水50毫升、白糖30克、胡椒粉6克、味精8克、香油22毫升。

2. 操作步骤

（1）**初加工** 将羊肉洗净，用刀剁碎；象牙白萝卜洗净擦丝，焯水后包纱布中挤净水分。

（2）**调味** 将剁碎的羊肉放入盆中，加入酱油、盐顺一个方向搅拌上劲，然后分次加入花椒水搅拌均匀上劲，最后加入葱花、姜末、料酒、白糖、胡椒粉、味精、香油搅拌均匀。

（3）**拌制** 将调好的羊肉馅加入象牙白萝卜丝拌匀即成。

（4）**保存** 将调制好的馅心用保鲜膜密封好，待用。

3. 质量标准

（1）**颜色** 调制好的馅心颜色呈芽黄色。

（2）**口感** 咸香适口。

（3）**质感** 黏滑、软嫩。

（4）**气味** 肉香四溢。

4. 注意事项

焯水后的萝卜丝必须挤净水分，否则馅心出水，影响面点包捏成型。

5. 适宜品种

此馅适用于蒸、煮类面点，如包子、饺子等。

技能训练 13 制作三鲜馅——肉三鲜馅

1. 操作准备

（1）**设备及工具** 案台、电子秤、量杯、厨刀、炒锅、漏勺、小勺、砧板、不锈钢盆、牙签。

（2）**经验配方** 鲜虾仁 200 克、水发海参 200 克、猪肉（或鸡肉）泥 200 克、笋尖 100 克、蒜薹 100 克、料酒 30 毫升、姜汁 10 毫升、盐 10 克、生抽 15 毫升、高汤 70 毫升、味精 5 克、胡椒粉 2 克、葱花 25 克、香油 16.5 毫升。

2. 操作步骤

（1）**初加工** 先将虾仁挑去虾线、海参洗净泥沙去掉内肠再切成小丁，放盆内加姜汁 5 毫升、盐 5 克，腌制 30 分钟。

（2）**焯水** 笋尖和蒜薹洗净切成筷头丁，分别焯水、过凉，控净水分后备用。

（3）**调味** 猪肉泥放盆内加姜汁、胡椒粉、料酒、生抽、盐搅拌，再分次加入高汤搅至有黏性、上劲，再加味精、葱花、香油后搅拌。

（4）**拌制** 将全部原料倒在一起搅拌均匀即成肉三鲜馅。

3. 质量标准

（1）**颜色**　色彩丰富。

（2）**口感**　咸鲜味。

（3）**质感**　黏稠成团。

（4）**气味**　海鲜味浓郁。

4. 注意事项

1）虾仁、笋尖、蒜薹切丁不能太大，否则成品不易成型。

2）蒜薹焯水时间不宜过长，否则青绿色会变成黄绿色。

3）海参切丁可稍大，因海参质地较软，加热易收缩。

5. 适宜品种

此馅一般用于蒸、炸类面点，如三鲜饺子、三鲜酥层饼。

技能训练 14　制作半三鲜馅——百花馅

1. 操作准备

（1）**设备及工具**　案台、砧板、电子秤、量杯、干布、厨刀、小勺、不锈钢盆、牙签。

（2）**经验配方**　生虾肉 500 克、肥膘肉 100 克、蛋清 10 毫升、胡椒粉 2 克、白糖 10 克、盐 7.5 克、味精 3 克、料酒 10 毫升。

2. 操作步骤

（1）**初加工**　将虾肉洗净，用牙签挑去虾线，用干布蘸干水分，用刀将虾拍烂，再剁成蓉；把肥膘肉切碎，用刀背斩泥。

（2）**调味**　把虾蓉放入盆中，然后加入盐、料酒搅拌上劲。

（3）**制虾胶**　加入胡椒粉、肥膘肉、蛋清、糖、味精顺着一个方向搅拌至起胶。

3. 质量标准

（1）**颜色**　乳白。

（2）**口感**　咸鲜口味。

（3）**质感**　馅心黏稠。

（4）**气味**　浓郁的鲜虾味。

4. 注意事项

1）制作虾胶时要朝一个方向搅拌，否则虾胶不成型。

2）肥肉一定要切得细小，否则影响馅心质量。

5. 适宜品种

此馅多用于蒸、煎、炸制的点心，如百花酿椒子等。

技能训练 15 制作海鲜馅

1. 操作准备

（1）**设备及工具** 案台、砧板、电子秤、量杯、厨刀、小勺、不锈钢盆、牙签。

（2）**经验配方** 鲜虾仁 200 克、鲜扇贝 200 克、水发海参 200 克、青韭 200 克、姜汁 10 毫升、盐 10 克、生抽 10 毫升、味精 3 克、胡椒粉 2 克、香油 16.5 毫升。

2. 操作步骤

（1）**初加工** 将虾仁洗净，用牙签挑去虾线；海参洗净泥沙，去掉内肠；虾仁、海参、鲜扇贝分别切成黄豆粒大小的丁；青韭择洗干净，顶刀切碎。

（2）**调味** 将鲜虾丁、鲜扇贝丁、海参丁放入盆内，加姜汁、盐腌制 30 分钟。

（3）**拌馅** 将腌制好的馅料放入胡椒粉、生抽搅匀，再放入味精、香油搅匀，最后放入青韭拌匀即成。

3. 质量标准

（1）**颜色** 色白见绿。

（2）**口感** 咸鲜味。

（3）**质感** 馅心有松散感。

（4）**气味** 浓郁的韭菜味。

4. 注意事项

1）海鲜料丁不能切得过大，否则影响成品操作。

2）腌制的时间不能过短，否则馅心无味。

3）青韭不能切得过长，否则影响馅心质量。

5. 适宜品种

此馅多用于蒸、煮的点心，如海鲜烧卖等。

1.4.2 熟咸馅的调制

1. 熟素馅

（1）概念 熟素馅多以干制菜和腌制蔬菜为主料，再配以豆制品、油面筋等，经过烹调而成馅。其特点是柔软适口、清香素爽。

（2）熟素馅的加工

1）浸泡（发）、择洗。腌制蔬菜要根据盐分的含量或酸度适当浸泡，并适时换水。

不同的干制菜泡发所需的具体水温和时间是不同的。质干性硬的原料应提高水温或延长时间反复泡发，如香菇、干蕨菜等，块形较大的如干笋尖在泡软后还需切开再泡发。黄花菜、木耳等形态细、小或薄的原料用温水短时间泡发即可。总之，凡是干制原料都应使之最大限度地恢复原状再使用，避免没有发透而夹干心使用。将泡发好的原料择除根蒂、虫蛀等不可食用部分，并用清水反复洗干净。

2）刀工处理。按照馅料要求加工成丝或丁，以细小为好，而且主料、配料、辅料的形态要大小一致，以便于烹调入味。

3）烹制调味。熟素馅的烹调方法有两种：一是用辅料炝锅后，将主料、配料全部放入煸炒，然后按顺序投入调料烹调至熟，再勾芡收浓卤汁使之均匀地裹在馅料上；二是用辅料和调料烹制成卤汁，并勾芡、收汁，再趁热倒入已切配好的熟馅料内拌匀。

2. 熟荤馅

（1）概念　熟荤馅是畜、禽、水产品等肉类原料经刀工处理后，再烹制调味成熟馅，或将烹制好的熟肉料经刀工处理后再调拌成馅。其特点是卤汁紧，油重，口味鲜香醇厚、爽口。

（2）熟荤馅的加工

1）选料。生料选择时，水产品以鲜活为好；畜禽等原料除新鲜外，还要注意选择合适的部位。熟料多选用具有一定特色的成品料，如叉烧肉、烧鸭、白斩鸡等。此外，制作熟荤馅也常选用一些干、鲜菜如香菇、笋尖、茭白、洋葱等作为配料。

2）刀工处理。熟荤馅原料加工的形态除末、粒、丁外，也有丝、片等，无论什么形状都以细小为好，在切配时还要考虑到不同性质的原料在受热后收缩变形等因素，以保证制出的馅料形态规格一致，便于烹调入味。

3）烹制调味。生料烹调时，要根据原料性质及不同耐热程度分别入锅，以使各种馅料成熟一致，并保证各自应有的口感特点。熟料制馅则需按照馅心的特点和要求调制咸淡、色泽、浓度适宜的卤汁，然后趁热倒入馅料内拌匀。

4）拌和成馅。用生料制作熟馅时，拌和是在烹制调味的过程中完成；用熟料制作熟馅是将烹制好的卤汁倒入切配好的熟料盆内趁热拌和，因熟料松散，容易搅拌，所以拌匀即可，不可搅拌过度，以免卤汁稀澥。

3. 熟荤素馅

（1）概念　熟荤素馅是在熟荤馅的基础上，加入熟蔬菜原料搅拌而成，特点是制作精细、色泽自然。依烹制方法的不同，其口感或干香爽口，或细嫩清爽，味道幽香。

（2）熟荤素馅的加工

1）原料加工。动物类原料按照馅心的要求片切成丝、片，或切、剁成丁、粒、末；鲜、干或腌制蔬菜等配料及辅料择洗、泡发或焯水后，按要求切剁好。

2）烹制调味。按照不同馅心的特点要求采用适当的烹调方法，如干煸、清炒、滑炒等，并掌握各种原料及调料的投放时机，以突出各自的特色。

3）拌和成馅。主料、配料都需烹制的馅心其拌和是在烹调中完成的，个别馅心是将主料肉和配料蔬菜分别进行烹调和焯水后再拌和在一起。

技能训练16　制作熟素馅——雪菜冬笋馅

1. 操作准备

（1）**设备及工具**　案台、炒锅、砧板、电子秤、厨刀、手勺、不锈钢盆、小勺。

（2）**经验配方**　雪里蕻1000克、冬笋（香干）250克，虾子[⊖]20克，鸡汤300克，熟猪油150克，葱花25克，姜末25克，料酒10克，酱油20克，白糖30克，盐12克，味精10克，水淀粉适量。

2. 操作步骤

（1）**初加工**　雪里蕻用冷水充分泡淡，挤去水分后剁碎，冬笋切成小丁。

（2）**炒制**　锅内放入50克熟猪油烧热，放入笋丁和虾子煸炒，放入料酒、酱油、盐翻炒后倒入鸡汤，焖烧10分钟后盛出。锅内再放入熟猪油100克，烧热后放入葱、姜炝出香味，倒入雪里蕻的同时加入白糖翻炒，炒透后将焖好的笋丁倒入，并加入味精，炒匀后勾芡即成。

3. 质量标准

（1）**颜色**　墨绿、淡黄色相间。

（2）**口感**　咸鲜味。

（3）**质感**　松散、脆嫩。

（4）**气味**　鲜香可口。

4. 注意事项

1）笋丁不能切得过大，否则影响面点成型。

2）雪里蕻浸泡时间不宜过短，否则馅心过咸。

技能训练17　制作熟荤馅——叉烧馅

1. 操作准备

（1）**设备及工具**　案台、炒锅、砧板、烤炉、电子秤、厨刀、手勺、不锈钢盆、小勺、钩子。

（2）**经验配方**　猪肉500克、汾酒50克、酱油15克、色拉油30克、大料15克、柱侯

⊖ 虾子为虾的卵，干制后橙黄色，用作调味品。行业中多写作“虾籽”。

酱15克、白糖25克、盐5克、葱25克、姜25克、清汤、绍酒、面捞芡各适量。

2. 操作步骤

（1）**初加工** 将猪肉切成4厘米宽、10厘米长、2厘米厚的条；葱10克切段，其余切碎；姜10克拍松，其余切末。

（2）**腌制** 将切好的猪肉放入盆内，加酱油5克、汾酒、白糖10克、姜块、葱段、柱侯酱腌渍2小时左右。

（3）**烤制** 用钩子将腌好的肉挂起，吊在烤炉内，烤约40分钟。

（4）**拌馅** 锅内放油、葱花、姜末、大料炒香，加绍酒、盐、酱油、白糖、清汤烧开，再放入烤好的肉条，用小火煨至汁浓时盛出晾凉，再将肉切成指甲片，加入面捞芡拌匀即成。

3. 质量标准

（1）**颜色** 酱红色。

（2）**口感** 咸中带甜、焦香四溢。

（3）**质感** 黏稠抱团。

（4）**气味** 香而不腻。

4. 注意事项

1）烤制叉烧宜选用半肥半瘦的臀肉或腿肉。

2）叉烧肉应烧入味，但不宜烧得太烂。

3）面捞芡不宜太稀薄，用量要适宜。

知识拓展

面捞芡制作方法

1. 操作准备

经验配方 粟粉10克、生粉8克、面粉8克、老抽5毫升、生抽10毫升、白糖30克、蚝油18毫升、香油3毫升、色拉油25毫升、味精2克、洋葱15克、清水250毫升。

2. 操作步骤

粟粉、生粉、面粉一起过筛，用清水50毫升拌成稀粉浆；洋葱切碎；色拉油烧热，将洋葱炸香捞出，成为葱油。将葱油舀出一半，剩下一半在锅中，加入剩余的清水和老抽、生抽、白糖、蚝油、香油混合煮沸，关火，边把稀粉浆注进沸水中边搅拌，待稀粉浆投放完后，开火，加入剩余葱油、味精煮至沸透（起大泡）即可起锅，待冷却凝成膏状即成面捞芡。

技能训练18 制作熟荤素馅——梅干菜肉馅

1. 操作准备

（1）**设备及工具** 案台、炒锅、砧板、电子秤、厨刀、手勺、不锈钢盆。

（2）**经验配方** 猪肉（肥四瘦六）250克、梅干菜250克、笋尖150克、虾子3克、熟猪油100克、葱末15克、姜末5克、酱油50克、料酒25克、盐10克、白糖20克、味精3克、清水150克。

2. 操作步骤

（1）**初加工** 将猪肉煮熟去皮，切成筷头丁；梅干菜泡发开，洗去泥沙，泡淡洗净剁成碎末、挤干水分；笋尖焯水后切成细粒。

（2）**炒肉丁** 锅内放油50克烧热，葱姜末炝锅，放入肉丁煸炒，待炒散时，放入笋粒、虾子炒匀后加料酒、清水、酱油翻炒，然后加白糖、盐、味精，入味后连汤汁一起盛出即可。

（3）**炒馅** 锅内放油烧热，倒入梅干菜末炒干，分次倒入肉丁汤汁，待汤汁吸干后再倒入炒好的肉丁、笋丁抄拌均匀，装盆冷却即成。

3. 质量标准

（1）**颜色** 色褐见淡黄。

（2）**口感** 咸中带甜。

（3）**质感** 馅心有松散感。

（4）**气味** 鲜香，梅干菜味道浓郁。

4. 注意事项

1）猪肉应选择肥瘦适宜的，过肥则腻，过瘦则柴。

2）梅干菜应泡发到位，防止干心，一定要洗净泥沙，否则影响口感。

3）收汁到位，否则影响包馅。

1.4.3 甜馅的调制

1. 糖油馅

（1）概念 糖油馅是以白糖或红糖为主料，通过掺粉、加油脂和配料制成的一类甜馅，是制作点心较为常用的一类甜馅，具有配料相对单一、成本低廉、制作简单、使用方便、风味丰富的特点，如玫瑰白糖馅、桂花白糖馅、水晶馅等。

（2）加工

1）选料。根据不同制品的特点合理选择糖的品种，常用的有绵白糖、白砂糖、红糖、赤砂糖；粉料则选小麦粉、糯米粉、粳米粉均可；油脂普遍使用动物油中的猪板油、熟猪油，植物油中的香油、胡麻油（亚麻籽油）、豆油等，可根据糖油馅的特点或地方风味来选用。糖油馅根据所加的调配料不同而形成不同种类，调配料多选用具有特殊香味的原料，如玫瑰酱、桂花酱、芝麻仁及不同味型的香精、香料等。

2）加工。存放过久的白糖、红糖质地坚硬，须擀细碎。小麦粉、米粉需烤或蒸熟过筛，但要注意不可上色或湿、黏。拌制糖油馅的油脂无须加热，多使用凉油；猪板油则需撕去脂皮，切成小丁。如果使用芝麻仁制馅，必须炒熟并稍加擀碎，香味才能溢出。

3）配料。糖油馅是以糖、粉、油为基础，其比例通常为 10∶3∶2，但有时因品种特点、地方食俗等原因比例有一定差异。拌制不同类型的糖油馅所加的各种调配料应适量，如玫瑰酱、桂花酱及各种香精，多放会适得其反。

4）拌和。将糖、粉拌匀后开窝，中间放油脂及其他调配料，搅匀后搓擦均匀，如糖油馅干燥可适当加些水。

2. 果仁蜜饯馅

（1）概念　果仁蜜饯馅是用各种干果仁、蜜饯、果脯等原料加工后与白糖拌和而成的一类甜馅，果料香味浓郁，馅料松爽，甘甜适口。

由于我国南北物产的差异，果仁蜜饯馅在原料选用及配比、制馅方法上均有不同，如瓜子仁馅、葡萄干馅，还有以各种果仁蜜饯搭配制成的五仁馅、八宝果料馅等，此馅料是面点制作中常用的馅心。

（2）加工

1）选料。果仁和蜜饯的种类较多，常用的果仁有核桃仁、花生仁、松子仁、榛子仁、瓜子仁、芝麻仁、杏仁、腰果仁、夏果（夏威夷果）仁等。多数果仁都含有较多脂肪，易受温度和湿度的影响而变质，所以，制馅时要选择新鲜、饱满、色亮、味正的果仁。通常蜜饯含糖量高、黏性大，果脯相对较为干爽，但存放过久会结晶、返砂或干缩坚硬，所以，使用时要选择新鲜、色亮、柔软、味纯的蜜饯果脯。

2）加工。果仁要经过去皮、制熟、破碎等加工过程，具体的加工方法因原料不同而有差异。如花生仁、松子仁等，要先烘烤或焐熟后再搓去外皮；而核桃仁、杏仁等则需先清洗浸泡，然后剥去外皮再烤熟或焐熟。较大的果仁还需切或擀压成碎粒，较大的蜜饯果脯也需切成碎粒便于使用。

3）配料。因果仁、蜜饯、果脯的品种很多，配馅时，既可以用一种果仁或蜜饯、果脯配制馅心，如核桃仁馅、松仁馅、红果馅、菠萝馅等；也可以将果仁、蜜饯、果脯同时用于一种馅心，即什锦全馅。除按比例配备果仁、蜜饯、果脯外，有时还需添加一定量的熟面粉和油脂，具体的比例及油脂的选择应视所制馅心加入果仁、蜜饯或果脯的多少和干湿度及馅心的特点而定。

4）拌和。将加工好的果仁、果脯、蜜饯与擀过的糖、过筛的熟粉及适合的油脂拌和、搓擦到既不干也不湿，手抓能成团即可。

技能训练19 制作桂花白糖馅

1. 操作准备

（1）**设备及工具** 电子秤、厨刀、砧板、量杯、不锈钢盆、保鲜膜。

（2）**经验配方** 白砂糖500克、熟面粉50克、青红丝25克、糖桂花15毫升、植物油33毫升、水50毫升。

2. 操作步骤

（1）**选料** 选择质感比较干爽的青红丝，用刀切成3毫米见方的碎粒。

（2）**配料** 将青红丝碎料、熟面粉、白砂糖、糖桂花称重后倒入盆中。

（3）**拌馅** 倒入植物油搅拌，再采用搓擦的手法把馅料拌均匀。

（4）**加水** 根据馅料的软硬程度加水调和。

（5）**密封、保鲜** 制作好的馅心用保鲜膜密封30分钟后使用效果最佳。

3. 质量标准

（1）**颜色** 红、绿、白三色相间。

（2）**口感** 味甜。

（3）**质感** 油润、稍有松散感。

（4）**气味** 浓郁的桂花香味。

4. 注意事项

1）白糖要选择颗粒小的绵白糖，否则影响馅心的爽口质感。

2）加水的多少要根据熟面粉的含水量、青红丝的干爽程度而定，水少馅心干散，水多馅心软塌，均不易包捏成型。

3）馅心调制好后要用保鲜膜密封30分钟，否则桂花味不浓郁。

5. 适宜品种

此馅可用于烤、煮、蒸类面点，如北京自来白月饼、桂花白糖馅汤圆、桂花白糖包等。

技能训练20 制作水晶馅

1. 操作准备

（1）**设备及工具** 案台、砧板、电子秤、厨刀、不锈钢盆、小口坛子、擀面杖、封口纸、刮板。

（2）**经验配方** 细白砂糖500克、猪板油500克、桂花酱50毫升、白酒25毫升、青梅50克。

2. 操作步骤

（1）**初加工** 将猪板油撕去脂皮、筋膜，片成5毫米厚的大片。

（2）**沾糖** 在砧板上铺一层白糖，摆一层板油，再撒一层白糖，用擀面杖稍加擀压，使脂油的两面都嵌进一层白糖。

（3）**切丁** 如此将所有的板油片都用完，而后切成5毫米宽的条，再切成正方体小丁。

（4）**腌制** 用白酒将桂花酱稀释、过筛、去掉残渣，淋洒在糖脂油丁上拌匀。

（5）**成品** 青梅切成3毫米大的小丁拌入脂油丁内，再装入小口坛子内封口，放置两天后即可。

3. 质量标准

（1）**颜色** 白绿相间。

（2）**口感** 味甜。

（3）**质感** 油润、黏稠。

（4）**气味** 浓郁的桂花香味。

4. 注意事项

1）猪板油必须去皮、去筋膜，否则馅心颗粒易连刀。

2）白糖要撒均匀，否则成品味道不够均衡。

3）桂花酱的残渣要去掉，否则影响成品质量。

4）装入小口坛子时封口要严，否则易跑味、吸水，影响风味和质量。

5. 适宜品种

此馅可用于烤、蒸类面点，如水晶月饼、水晶酥饼、水晶包等。

技能训练21 制作冰橘馅

1. 操作准备

（1）**设备及工具** 案台、砧板、厨刀、小勺、量杯、盆、电子秤、不锈钢长方盘、刮板。

（2）**经验配方** 冰糖渣100克、蜜橘饼80克、白糖500克、猪板油50克、熟面粉150克、花生油110毫升、饴糖20毫升、熟芝麻粉50克。

2. 操作步骤

（1）**初加工** 将蜜橘饼切成细粒状；猪板油去膜切成颗粒，再用刀背剁成泥。

（2）**拌料** 将白糖、熟面粉、熟芝麻粉、冰糖渣、蜜橘饼拌和均匀，再加花生油、饴糖、猪板油泥搓揉均匀。

（3）**成型** 将搓揉均匀的馅料装入不锈钢长方盘中压紧，使用时切成方块即可。

3. 质量标准

（1）**颜色** 微黄，色彩分明。

（2）**口感** 味甜。

（3）**质感** 馅心黏稠不松散。

（4）**气味** 浓郁的橘子味。

4. 注意事项

1）橘子饼切制时不能太大，否则影响馅心口味及点心成型。

2）原料在搓制时要均匀，否则影响成品质量。

5. 适宜品种

此馅一般用于烤、煮、蒸类面点，如冰橘月饼、冰橘汤圆、冰橘包等。

技能训练 22 制作麻仁（蓉）馅

1. 操作准备

（1）**设备及工具** 炒锅、手勺、案台、砧板、盆、电子秤、30 目筛、擀面杖、量杯、小勺、刮板。

（2）**经验配方** 绵白糖 500 克、芝麻 150 克、熟面粉 50 克、黄油 150 克、桂花酱 25 克，清水 50 毫升。

2. 操作步骤

（1）**初加工** 将芝麻炒熟或烤熟并略擀碎；熟面粉过细筛。

（2）**拌料** 将白糖、芝麻、熟面粉混合均匀，扒一窝，中间放桂花酱、清水、黄油拌和均匀。

（3）**成团** 用力搓擦均匀并成团即可。

3. 质量标准

（1）**颜色** 微黄。

（2）**口感** 甘甜。

（3）**质感** 成团，但松散。

（4）**气味** 浓郁的芝麻香味。

4. 注意事项

1）芝麻必须炒熟或烤熟，否则馅心无香味。

2）控制加水量，不能过多，否则馅心会变软。

3）如用麻酱200克代替芝麻，即为麻蓉馅。

5. 适宜品种

此馅一般用于蒸、烤、煮、炸类面点，如麻蓉包、麻蓉汤圆等。

复习思考题

1. 简述馅心的作用与种类。
2. 简述馅心的制作特点与制馅的技术要求。
3. 简述调制生素馅的操作关键。
4. 简述掺冻的作用与制作方法。
5. 简述减少馅心中蔬菜水分的方法。
6. 简述糖油馅、果仁蜜饯馅的概念与特点。

项目 2

水调面品种制作

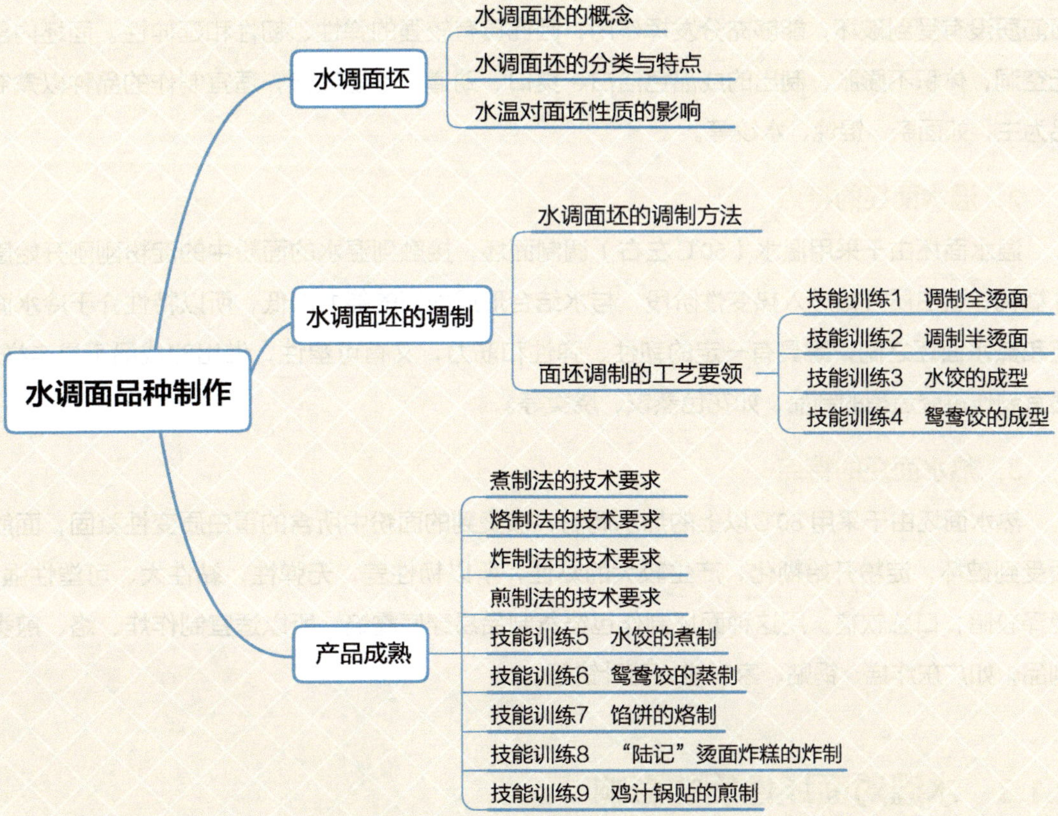
水调面品种制作
水调面坯
水调面坯的概念
水调面坯的分类与特点
水温对面坯性质的影响
水调面坯的调制
水调面坯的调制方法
面坯调制的工艺要领
技能训练1　调制全烫面
技能训练2　调制半烫面
技能训练3　水饺的成型
技能训练4　鸳鸯饺的成型
产品成熟
煮制法的技术要求
烙制法的技术要求
炸制法的技术要求
煎制法的技术要求
技能训练5　水饺的煮制
技能训练6　鸳鸯饺的蒸制
技能训练7　馅饼的烙制
技能训练8　“陆记”烫面炸糕的炸制
技能训练9　鸡汁锅贴的煎制

2.1 水调面坯

2.1.1 水调面坯的概念

水调面坯是指以面粉与水为主要原料，经拌和揉搓而成的面坯。由于水调面坯不经发酵，所以行业内又称其为死面、水面、呆面等。水调面坯制品在中式面点制作中占有相当大的比例，如面条、水饺、馄饨、花色蒸饺、春卷、家常饼等。

2.1.2 水调面坯的分类与特点

水调面坯一般分为冷水面坯、温水面坯（60℃左右）和热水面坯（80℃以上）3 种。

1. 冷水面坯的特点

冷水面坯由于以冷水（30℃以下）和面，淀粉颗粒在冷水中不易溶解，吸水膨胀性差，面筋质没有受到破坏，能够充分发挥作用，因此具有较强的弹性、韧性和延伸性。面坯内部无空洞，体积不膨胀，制出的成品色洁白、爽口、劲道，不易破碎，适宜制作的品种以煮制品为主，如面条、馄饨、水饺等。

2. 温水面坯的特点

温水面坯由于采用温水（60℃左右）调制面坯，接触到温水的面粉中的淀粉刚刚开始膨胀糊化，蛋白质开始进入热变性阶段，与水结合形成面筋的能力降低，所以特性介于冷水面坯和热水面坯之间，既具有一定的韧性、弹性和筋力，又有可塑性，做出的成品不易走样，适宜制作讲究造型的制品，如花色蒸饺、烧卖等。

3. 热水面坯的特点

热水面坯由于采用 80℃以上的热水调制，被烫到的面粉中所含的蛋白质变性凝固，面筋质受到破坏，淀粉开始糊化，产生较大的黏性，所以韧性差，无弹性，黏性大、可塑性强，色泽较暗，口感软糯。用这种面坯制作包馅蒸制品易穿底露馅，所以适宜制作炸、烙、煎类制品，如广东炸糕、锅贴、家常饼、荷叶饼等。

2.1.3 水温对面坯性质的影响

决定水调面坯性质的重要化学成分是面粉中的淀粉、蛋白质及加入的水。面粉中的淀粉、蛋白质均具有亲水性，但亲水性会随着水温的变化而变化，从而形成不同的特性。

1. 蛋白质的性质变化

在常温下，面粉中的面筋蛋白质不发生热变性，与水结合的能力比较强，水温30℃的条件下，能结合约150%的水分，经过揉搓，能逐渐形成柔软而富有弹性的胶体组织，俗称面筋。当水温升高至60~70℃时，蛋白质开始热变性（即开始凝固），面坯中的面筋质受到破坏，因而面坯的延伸性、弹性减退，吸水率降低，只有黏度稍有增加。蛋白质的热变性随着水温增高而加强，温度越高，热变性越大，筋力和亲水性越弱。

2. 淀粉的性质变化

淀粉颗粒不溶于冷水，在常温条件下基本没变化，吸水率和膨胀性很低，基本保持硬粒状态。水温在30℃时，淀粉只能结合30%左右的水分，颗粒不膨胀，仍基本保持硬粒状态。水温在50℃左右时，淀粉的吸水率和膨胀率仍较低，黏度变化不大。水温升至53℃以上时，淀粉的物理性质便发生明显变化，淀粉颗粒膨胀明显。当水温在60℃以上时，淀粉粒膨胀数倍，吸水率增大，黏性增强，部分溶于水，进入糊化阶段（不同种类的淀粉糊化温度也不尽相同，一般都在60℃以上）。当温度继续升高时，淀粉颗粒晶体结构被破坏，最后解体，同时全部溶入水中，成为黏度很高的溶胶，称为淀粉的糊化。淀粉糊化后所增加的吸水量，要比面筋蛋白质变性后所减少的吸水量多得多，这也是用热水调面比用冷水调面吃水量更多的原因。

2.2 水调面坯的调制

2.2.1 水调面坯的调制方法

1. 温水面的调制方法

温水面的调制一般根据气候情况、环境温度及制品对面坯的性质要求来确定水的温度，温水面的调制大致有以下两种方法。

（1）温水直接调制法　把面粉倒入盆中，直接将60℃左右的温水均匀浇在面粉上（水温越高用水量越多），用馅挑搅拌均匀成面絮状，倒在案台上晾凉并揉搓滋润，盖上湿布醒面，手法与冷水面基本相同。但这种和面方法需要测量水温，不太方便，因而就有了半烫面法。

（2）半烫面法　半烫面是指先用总加水量50%~70%的沸水将面粉烫成雪花面，再加适量冷水将面和成有糯性、柔软、光洁的面坯。方法是面粉500克倒入盆中，中间扒一窝，浇入沸水 200 毫升，用擀面杖迅速搅拌成雪花面，稍凉，再淋入凉水 100 毫升将面和成团，揉搓成面坯。

此种和面方法便于把控水温，在行业中被广泛使用。

2. 热水面的调制方法

热水面一般是指用沸水调制的面坯，又称为烫面，分为沸水浇入法和全烫面法两种。

（1）沸水浇入法　面粉 500 克倒入盆中，中间开窝，250 毫升沸水浇入面粉中，边浇边用擀面杖搅拌，浇水要浇在干粉处，水浇完面也搅匀成絮状，散尽其中热气，面凉透后揉匀成面坯。

（2）全烫面法　锅中倒入 350 毫升水烧沸，改用小火，面粉 500 克倒入沸水中，用擀面杖先轻后用力不断搅拌，搅均匀搅熟透至无生粉粒时出锅，倒在抹过油的案台上铺薄，在面的表面刷油，晾凉晾透，最后揉成面坯。

2.2.2　面坯调制的工艺要领

1. 温水面坯调制的工艺要领

温水面坯既要有一定的韧性、弹性、筋力，又要有一定的黏性、糯性、柔软性，因而在调制时要注意以下四点：

（1）水温准确　直接用温水和面时，水温以 60℃左右为宜。水温太高，面坯过黏而无筋力；水温过低，面坯劲大而可塑性差。

（2）冷热水比例合适　调制半烫面时，一定是热水掺入在先，冷水调节在后，且冷热水比例适当。热水多时，面坯的黏性、糯性大，韧性小；冷水多时，面坯的韧性、延伸性大，可塑性小。

（3）及时散发面坯中的热气　温水面坯和好后，需要摊开冷却，再揉和成团。

（4）防止风干结皮　面和好后，应用保鲜膜包好或盖上干净湿布，防止风干结皮。

2. 热水面坯调制的工艺要领

热水面坯要求筋力、可塑性要符合热水面团的特点。在调制时要注意以下几点：

（1）吃水量要准　掺水量要准确，水要一次掺足，不可在面成坯后调整，补面或补水均会影响面坯的筋力、可塑性。

（2）热水要浇匀　热水与面粉要均匀混合，否则面坯的筋力、可塑性会受到影响。

（3）及时用力搅拌　当热水与面粉接触时，应及时用擀面杖将水与面粉用力搅拌均匀，否则热水接触到小部分面粉，使其表面迅速糊化，而大部分面粉接触不到热水，从而形成不了热水面团的特性。

（4）散尽面坯中的热气　热水面烫好后，必须摊开冷却，再揉和成团。否则热量郁积在面团中，制出的成品容易出现表面粗糙，易结皮、开裂，严重影响质量。

（5）防止烫伤　烫面时，要用木棍或擀面杖搅拌，切不可直接用手搅拌，以防烫伤。

（6）防止风干结皮　面和好后，要包上保鲜膜或盖上干净湿布。

技能训练 1　调制全烫面

1. 操作准备

（1）设备及工具　炒锅、案台、量杯、筛子、油纸、擀面杖、手布、电子秤、刮刀、油刷、筛子。

（2）经验配方　面粉 500 克、清水 350 毫升、植物油 20 毫升。

2. 操作步骤

（1）备料　面粉称量后过筛于油纸上，清水称量后倒入炒锅。

（2）备工具　手布两块浸水后拧干，置于灶台边；擀面杖置于灶台边；将案台清理干净，表面均匀地刷一层植物油。

（3）烫面　炒锅上用火将水烧开，调小火，将油纸上的面粉倒入沸水中，用擀面杖先轻后用力将面粉与沸水迅速搅拌混合均匀，直至熟透无生粉粒（此时助手必须双手各垫一块湿手布紧握煸锅双耳，避免锅体搅面时转动），离火。

（4）晾面　将烫熟的面坯倒在案台上，摊开散热气，在面坯的表面刷一层植物油，晾凉。

（5）揉面　将完全凉透的面坯揉均匀。

3. 质量标准

面坯光滑、滋润、柔软，无弹性、韧性、延展性，色泽半透明。

4. 注意事项

（1）和面前做好准备工作　面粉过筛的目的在于避免烫面时出现生粉粒；先将案台清理干净是为了保证晾面工艺的顺利进行；晾面时不能将锅放在案台上，因为锅底黑灰会将案台、面坯弄脏。

（2）邀请助手配合　搅拌面时，由于淀粉的糊化，面坯黏性增强，搅面需要双手紧握擀面杖搅拌，此时锅会随之转动，邀请助手配合避免锅转动，烫面工艺才可完成。

（3）注意火候调节　清水烧沸后，烫面前要将火关小，一般不灭火，目的是保证沸水烫面烫熟，否则面坯手感发黏，不便操作。而保持大火状态会使锅底烧煳。

（4）用力搅拌　烫面时前几秒淀粉还未糊化，搅拌较为轻松，但随着淀粉的糊化，面坯的黏性逐渐增强，搅拌需要不断增加力量，否则容易煳锅底，致使面坯结皮焦底。

（5）迅速搅拌　如果搅拌不迅速，糊化的淀粉将未接触到热水的面粉包裹，容易产生生粉粒。

（6）晾面时刷油　目的是防止面坯风干结皮。

技能训练 2　调制半烫面

1. 操作准备

（1）**设备及工具**　案台、炒锅、量杯、手布、面盆、擀面杖、油刷、电子秤。

（2）**经验配方**　面粉 500 克、沸水 200 毫升、冷水 100 毫升、植物油 11 毫升。

2. 操作步骤

（1）**准备**　称量冷水 100 毫升备用，称量 200 毫升清水上火烧沸，将案台表面刷一层油。

（2）**和面**　面粉倒入盆中，中间稍扒一窝，浇入沸水，用擀面杖迅速将中间部分的面粉与沸水搅拌，再淋入 100 克冷水混合。

（3）**散热**　将面絮倒在案台上，散尽面中热气，揉搓成团。

（4）**醒面**　将揉和成滋润光滑的面坯盖上干净湿布，静置醒面。

3. 质量标准

面坯光滑柔软、不粘手，组织均匀。

4. 注意事项

1）沸水浇入在前，冷水调节在后。

2）沸水浇入时要边搅边加。

3）必须散尽面坯中的热气。

4）醒面时要盖干净湿布，或包上保鲜膜。

技能训练 3　水饺的成型

1. 操作准备

（1）**设备与工具**　案台、量杯、手布、砧板、电子秤、面盆、擀面杖、馅挑。

（2）**经验配方**　面粉 500 克、清水 250 毫升、猪肉馅 440 克。

2. 操作步骤

（1）**和面**　面粉用清水和成冷水面坯，揉搓滋润，盖上干净湿布静置醒面。

（2）**制皮**　将面坯搓成长条，下成等大的剂子（8.5 克 / 个），擀成边缘薄中间厚、直径 8 厘米的圆皮备用。

（3）**成型**　将圆皮内包入肉馅（10 克 / 个），两边对折，捏成木鱼形，黏合部位要捏紧、捏牢，即成水饺生坯。

和面

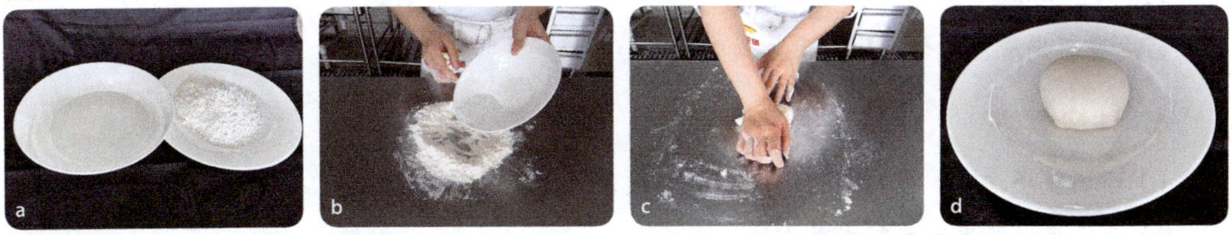

制皮成型

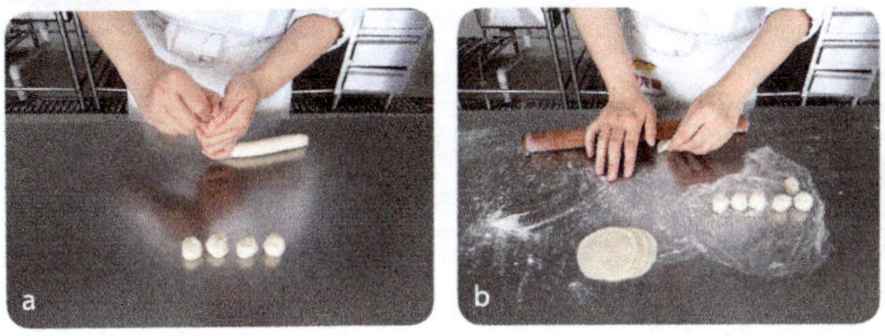

成型

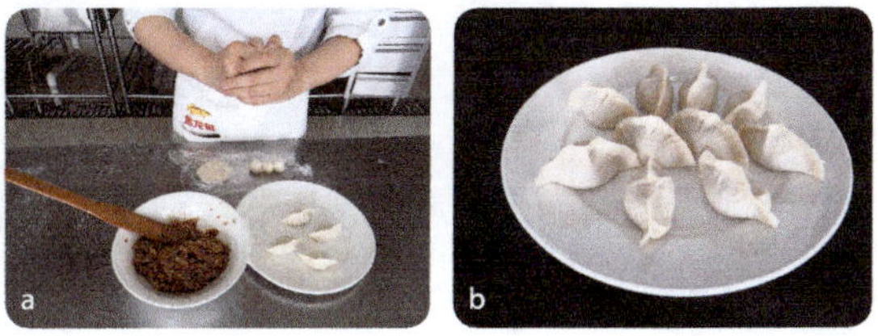

3. 质量标准

薄皮大馅、木鱼形状、捏紧封口。

4. 注意事项

包馅成型时，饺子边缘要捏窄些，这样不会有面疙瘩，形状才美观。

技能训练 4　鸳鸯饺的成型

1. 操作准备

（1）**设备及工具**　案台、量杯、手布、电子秤、面盆、擀面杖、馅挑。

（2）**经验配方**　面粉 500 克、清水 250 毫升、鲜虾馅 600 克、火腿末 10 克、蛋白末 10 克、蛋黄末 10 克、青菜末 10 克。

2. 操作步骤

（1）**和面**　将面粉用 60℃的温水和成面絮，散尽热气，揉成光滑的面团，盖上干净湿布醒面。

（2）**制皮**　将面坯搓成长条，下同等大的剂子（15 克 / 个），擀成边缘薄中间厚、直径约 9 厘米的圆皮备用。

（3）**成型**　取一张圆皮放入鲜虾馅（10 克），先将两边对折捏住中心，成为两个相同的圆形，再把两个圆形横过来压扁成扁圆形，将两个角捏住，形成鸳鸯形状，再将火腿末、蛋白末分别放在中间对称的小洞里，另两只大洞分别放蛋黄末、青菜末，即成生坯。

3. 质量标准

面皮表面光滑、均匀对称，形如鸳鸯。

4. 注意事项

1）面坯软硬适中，捏制的孔洞大小要一致，高低要一样。

2）此造型一般采用蒸制成熟方法。

2.3 产品成熟

2.3.1 煮制法的技术要求

1）煮锅内要水多、汤清。在煮制过程中，汤要“宽”，使生坯在锅中翻动自如，受热均匀，不会粘连，才能保持成品形态完美。一锅水煮制的次数不宜太多，要经常换水，保持汤不混浊。

2）生坯沸水下锅煮制。水沸后生坯下锅，既可使脱落沉淀的淀粉减少，保持水质清而不浑，亦可使生坯成熟后皮质软滑不粘牙。

3）煮制过程中保持水呈微沸状态。煮制时应适当控制火候，并视水面的情况及时加热或加冷水，保证生坯在微沸锅中均匀受热，逐渐成熟，才能达到皮滑、馅爽、有汁的效果，要防止火大水滚使生坯破裂甚至坯皮脱落。

4）适当推动，防止粘底。生坯下锅后落在锅底，需及时推动生坯使之与锅分离。

5）把握煮制时间，熟后及时起锅。应根据面点品种的不同特点控制煮的时间，生馅或皮厚的面点煮制时间应长一点，而皮薄或熟馅的品种则应短一些。

2.3.2 烙制法的技术要求

1）烙锅必须洗净烘干。无论采用哪种烙制方法，都必须将烙锅洗净烘干，否则易焦煳、粘锅，影响成品质量。

2）烙制的火力要均匀。如炉火不均匀，需经常移动生坯位置，并勤翻动，使其两面受热均匀，成熟度一致。

3）选用清洁的油。若油质不够清洁，里面的杂质会影响制品的成熟和外表色泽；生的植物油要炼成熟油后再用。

4）加水烙要注意加水方法。要分次加水，一次加水不可过多，加在金属锅温度高的地方，使水汽化，并迅速加盖，否则蒸汽生成受影响，进而影响成品品质。

2.3.3 炸制法的技术要求

1）选用清洁的炸油。油质不洁，会影响热传导或污染制品，使制品不易成熟和色泽变差。如使用植物油要先炼熟，才能用于炸制，否则会带有生油味，影响制品品质，且会产生大量的泡沫，使热油外溢出现安全事故。在冬季，要避免使用动物油，以免制品冷却后光泽变差。炸油不能反复使用太多次，要视其清洁程度及时更换新油。

2）正确把握油温。油温是决定面点形态、色泽的重要因素。一般情况下，油温低，成品色浅、易含油，有些品种还会松散、变形；油温高，炸制的成品易外焦内不熟，并会产生有毒有害物质，危害人体健康。

3）把握炸制时间。在炸制过程中，必须根据面点的大小、厚薄、质量要求来确定炸制时间。时间过长，则制品颜色过深，并且水分挥发过多，制品会质硬而实；时间过短，制品内不熟，且色泽浅而光泽差。

4）把握好生坯和炸油的比例。一般情况下炸油和生坯的比例以 5：1 为宜。成熟时间短而外形变化不大的品种可略为增大生坯的一次投入量。

5）通过炸制成型的制品需试炸。适用于通过炸制起泡或起蜂巢的品种，如泡泡油糕、波丝油糕、荔浦秋芋角、莲子蓉角、蛋黄角等。由于原料的质量、配比、油温会直接影响形态的形成，所以要通过试炸，确定炸制的最佳温度和火力，才可批量生产。

2.3.4 煎制法的技术要求

1）火力要恰当。煎制时主要通过锅底传导热量，升温很快，火大很容易将生坯底部煎焦，所以一般采用中小火。

2）生坯受热要均匀。要移动锅位或生坯，防止着色不匀或成熟度不一致。有的品种需要多次翻面煎制。

3）生坯摆放顺序要合理。如果用明火，一般情况下，煎锅中部的油温比四周高，因此应先四周后中心摆放生坯，使生坯受热均匀。

4）煎制用油量要适宜。煎制时锅底抹油不宜过多，以薄薄的一层为宜。个别品种属于半煎半炸的方法，用油量也不宜超过生坯厚度的一半，否则制品水分挥发过多，会失去煎制品的特色。

5）水油煎一般需要加盖，并分次加水。水油煎制品的底部是靠煎制成熟的，上部则是依靠加进去的水产生的水蒸气成熟的，因而每加一次水都要盖上锅盖，确保成品成熟。采用水油煎法时，加水量要根据生坯的数量、特点及锅盖的密封性能来定，而加水次数要根据制品成熟的难易程度而定。

技能训练5 水饺的煮制

1. 任务描述

（1）**水饺的煮制** 掌握煮饺子的水量、水温、火力、煮制时间、翻动技巧。

（2）**制作原理** 通过水的热对流使面点生坯坯皮中的淀粉不断吸水糊化，蛋白质变性而凝固，随着热量的进一步向内渗透，馅心也逐渐成熟。

2. 操作流程

准备→生坯→下锅→煮制→水饺成品。

3. 操作准备

（1）**设备及工具** 炉灶、水锅、手勺、漏勺、盘子。

（2）**原料** 水饺生坯、清水。

4. 操作步骤

1）将水饺生坯下入沸水锅中，并用手勺沿锅底轻轻推动，防止水饺粘底。

2）待水锅再沸后调小火或适当“点水”，保持水面呈沸而不腾的状态。

3）制品浮起后再稍“养”制，成熟后捞起装盘。

5. 质量标准

色呈玉色，水饺肚鼓，皮软韧细滑，馅鲜嫩、有汁。

6. 注意事项

1）煮锅内要水多、汤“宽”，使生坯在锅中翻动自如，不会粘连，才能保持成品形态完美。要经常换水，保持汤不浑浊。

2）水沸后生坯下锅，使生坯成熟后皮质软滑而不粘牙。

3）水呈微沸煮制，保证生坯在微沸锅中均匀受热，逐渐成熟，才能达到制品皮滑、馅爽、有汁的效果。防止火大水滚使生坯破裂而影响制品形态。

4）生坯下锅时需适当推动，防止粘底。

5）煮制水饺时间要恰当，应根据水饺的大小、皮的厚薄、馅心的类型来把控。

技能训练6 鸳鸯饺的蒸制

1. 任务描述

（1）**鸳鸯饺的蒸制** 掌握蒸鸳鸯饺的水量、火力、蒸制时间。

（2）**制作原理** 利用蒸汽热传导的方式将生坯蒸至熟，面皮或馅料中的淀粉受热后膨胀糊化，蛋白质受热变性凝固，鸳鸯饺就蒸制成熟了。

2. 操作流程

准备→生坯→上笼→蒸制→鸳鸯饺成品。

3. 操作准备

（1）**设备及工具** 蒸灶、水锅、蒸笼、盘子。

（2）**原料** 鸳鸯饺生坯、清水。

4. 操作步骤

1）将蒸锅水加到七八成满，烧沸。

2）将鸳鸯饺生坯放入蒸笼中，旺火沸水蒸制。

3）蒸制6分钟，成熟后点缀、装盘。

5. 质量标准

色白如玉，形似鸳鸯，色彩鲜艳，皮薄软糯，馅嫩有汁，咸鲜味美。

6. 注意事项

1）蒸锅内的水量一般是七八成满为好。

2）锅内的水质要清。

3）必须水沸上笼并盖严笼盖。

4）宜旺火足气短时间加热成熟。

技能训练7 馅饼的烙制

1. 任务描述

（1）**馅饼的烙制** 掌握馅饼刷油烙制的油量、火力、翻面、烙制的时间。

（2）**制作原理** 馅饼底部通过锅底的热传导和少量油脂的热对流使面点生坯中的淀粉膨润糊化，蛋白质变性凝固而成熟。随着烙制时间的延长，馅饼底部淀粉分解生成的还原糖与蛋白质分解生成的含氧物发生美拉德反应，使馅饼底部变成金黄色，并有特殊的香味。

2. 操作流程

准备→生坯→排放生坯→刷油烙→翻面烙→两面金黄→馅饼成品。

3. 操作准备

（1）**设备及工具** 案台、砧板、量杯、厨刀、炒锅、手勺、油刷、电子秤、面盆、馅盆、擀面杖、刮板、平锅（电饼铛）、平铲。

（2）**经验配方**

1）坯料：面粉 500 克、沸水 150 毫升、清水 150 毫升、盐 5 克。

2）馅料：鸡蛋 300 克、虾皮 50 克、葱花 100 克、盐 10 克、味精 3 克、香油 33 毫升、花生油 165 毫升、小白菜 1000 克。

4. 操作步骤

（1）**和面** 将面粉加盐放入面盆中，浇入沸水烫成雪花状，再加清水和成面坯，揉匀、揉透，醒 20 分钟，搓成长条，下成剂子（40 克 / 只）。

（2）**制馅** 小白菜洗净，焯水、过凉、剁碎、挤净水分；鸡蛋打散，放入虾皮；炒锅上火烧热，倒入花生油加热，将虾皮蛋液倒入锅中边搅碎边翻炒至熟出锅；放入葱花拌均匀，再放入小白菜、盐、味精、香油拌匀成馅。

（3）**成型** 将面剂擀成直径为 10 厘米的圆皮，包上馅心，收口朝下，按制成直径为 12 厘米的圆饼。

（4）**熟制** 平锅烧热，锅内刷少量花生油，放入圆饼，一面烙制成金黄色后，用木铲翻面，直至烙成两面金黄色且熟透即成。

5. 质量标准

色泽金黄，皮薄酥脆，馅足鲜美，口味清香。

6. 注意事项

（1）**热锅上饼** 平底锅必须烧热后才能将饼坯放入锅内，否则水分流失严重，饼坯干硬。

（2）**适当刷油** 馅饼烙制时，双面均需适当刷油，否则饼坯不酥脆；油量不可太多，否则会使馅饼油腻。

（3）**保持平底锅干净** 平底锅必须保持干净，否则馅饼表面有黑色斑点，影响色泽美观。

技能训练 8 “陆记”烫面炸糕的炸制

1. 任务描述

（1）**“陆记”烫面炸糕的炸制** 掌握炸“陆记”烫面炸糕的油脂品种、油量、火力、炸制时间、翻动技巧。

（2）**制作原理** 通过油脂的热对流使面点生坯坯皮中的淀粉膨润糊化，蛋白质变性而凝固，随着炸制时间的延长，淀粉分解生成的还原糖与蛋白质分解生成的含氧物发生美拉德反应，使面坯变成金黄色，并且有特殊的香味。

2. 操作流程

准备→生坯→180℃油锅→炸制（翻转）→炸至金黄色→“陆记”烫面炸糕成品。

3. 操作准备

（1）**设备及工具** 炸锅、手勺、漏勺、油钵、筷子、盘子。

（2）**原料** “陆记”烫面炸糕生坯、熟花生油。

4. 操作步骤

1）将炸锅上火，倒入熟花生油，旺火加热到180℃。

2）把火调小，放入生坯，待炸糕浮上来后，用筷子翻转几次。

3）炸成金黄色即可出锅。

5. 质量标准

饱满的圆饼状，色呈金黄，外脆里嫩，馅心酸甜适口。

6. 注意事项

1）选用干净的熟花生油，否则会带有生油味，影响制品品质。

2）正确把握油温。油温低，成品色浅、易含油、易变形；油温高，易外焦内不熟。

3）把握炸制火力和时间。将炸油温度加热到180℃后改成小火炸成金黄色。

4）把握好生坯和炸油的比例。炸油和生坯的比例以5∶1为宜。

技能训练9 鸡汁锅贴的煎制

1. 任务描述

（1）**鸡汁锅贴的煎制** 掌握鸡汁锅贴水油煎制的加油量、加水量、加水次数、火力、煎制时间。

（2）**制作原理** 锅贴底部通过锅底的热传导和油脂的热对流使面点生坯中的淀粉膨润糊化，蛋白质变性凝固而成熟。随着煎制时间的延长，锅贴底部淀粉分解生成的还原糖与蛋白质分解生成的含氧物发生羰氨反应，使锅贴底部变成金黄色，并且有特殊的香味，而锅贴上部则是利用蒸汽热传导的方式蒸至熟的。

2. 操作流程

准备→生坯→排放生坯→水油煎→底部金黄、上部有光泽→鸡汁锅贴成品。

3. 操作准备

（1）**设备及工具** 煎灶、平底锅、锅盖、锅铲、手勺、油钵、大碗、盘子。

（2）**原料** 鸡汁锅贴生坯、色拉油、热水。

4. 操作步骤

1）将平底锅洗净、上火、烘干，加入色拉油，放入锅贴生坯。

2）中火将平底锅烧热，加入少量热水，盖上锅盖，产生蒸汽后改成小火煎制。重复 3 次加热水、煎制。

3）煎至底部金黄、上部有光泽即可出锅、装盘。

5. 质量标准

底部金黄，上部呈玉色，月牙造型，底部酥脆，上部软韧，馅心鲜嫩，咸鲜多卤。

6. 注意事项

1）水油煎一般需要加盖，并分次加水。水油煎制品的底部是靠煎制成熟的，上部则是依靠加进去的水产生的水蒸气成熟的。

2）火力要恰当。一般采用中小火加热，防止将生坯底部煎焦。

3）生坯受热要均匀。煎制过程中要移动锅位，防止着色不均或成熟度不一致。

4）煎制用油量要适宜。煎制时加油量不宜过多，以薄薄的一层为宜。

复习思考题

1. 简述水调面坯的概念及分类。
2. 简述温水面坯的特点。
3. 简述温度对面坯性质的影响。
4. 简述热水面坯的调制方法与工艺要领。
5. 简述煮制法、烙制法、炸制法、煎制法的技术要求。

项目 3

膨松面品种制作

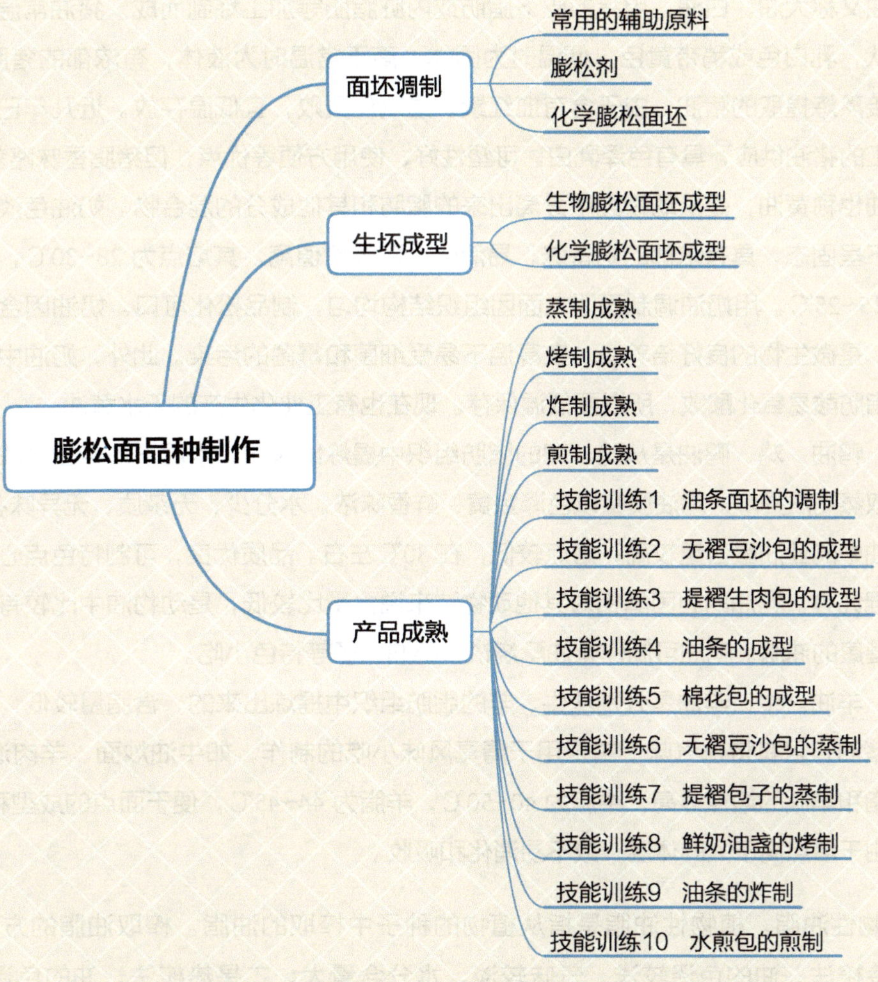

膨松面品种制作
面坯调制
常用的辅助原料
膨松剂
化学膨松面坯
生坯成型
生物膨松面坯成型
化学膨松面坯成型
产品成熟
蒸制成熟
烤制成熟
炸制成熟
煎制成熟
技能训练1　油条面坯的调制
技能训练2　无褶豆沙包的成型
技能训练3　提褶生肉包的成型
技能训练4　油条的成型
技能训练5　棉花包的成型
技能训练6　无褶豆沙包的蒸制
技能训练7　提褶包子的蒸制
技能训练8　鲜奶油盏的烤制
技能训练9　油条的炸制
技能训练10　水煎包的煎制

3.1 面坯调制

3.1.1 常用的辅助原料

1. 食用油脂

（1）食用油脂的种类及特点　油脂在面点制作中具有重要的作用，不仅能改善面团的结构，而且能提高制品的风味。面点制作中常用的食用油脂可分为动物性油脂、植物性油脂和加工性油脂。

1）动物性油脂。动物性油脂是指从动物的脂肪组织或乳中提取的油脂，具有熔点高、可塑性好、流散性差、风味独特等特点，主要品种有猪油、奶油、鸡油、鸭油、羊油和牛油。

① 猪油又称大油、白油，用猪的皮下脂肪或内脏脂肪等加工炼制而成。猪油常温下呈软膏状，乳白色或稍带黄色，低温时为固体，高于常温时为液体，有浓郁的猪脂香气。直接熬炼提取的猪油，由于含有血红素，易氧化酸败，宜低温存放。近几年已有经深加工的猪油供应，具有色泽乳白、可塑性好、使用方便等优点，但猪脂香味略差。

② 奶油也称黄油，是从动物乳中分离出来的脂肪和其他成分的混合物。奶油色淡黄，常温下呈固态，具有浓郁的奶香味，易消化，营养价值高。其熔点为 28~30℃，凝固点为 15~25℃。用奶油调制面团，面团组织结构均匀，制品松化可口。奶油因含水分较多，是微生物的良好培养基，在高温下易受细菌和霉菌的污染。此外，奶油中的不饱和脂肪酸易氧化酸败，所以要低温保存。现在也有工业化生产的无水黄油。

③ 鸡、鸭油。鸡、鸭油是从鸡、鸭的脂肪组织中提炼出来的，常温下为半固体状，通常采取蒸制法提炼。鸡油质量以色泽金黄、鲜香味浓、水分少、无杂质、无异味者为佳。鸡油中的亚油酸含量较高，熔点较低，在 30℃左右。品质优良，可制特色点心，如鸡油馄饨等。鸭油的胆固醇相对其他动物油来说含量比较低，是动物油中比较有利于人体健康的油脂。鸭油可制作鸭油酥烧饼、鸭油包子等特色小吃。

④ 牛、羊油。牛、羊油是分别从牛、羊的脂肪组织中提炼出来的，含脂量较低，质量不如猪油，且有特殊气味，主要用于清真风味小吃的制作，如牛油炒面、羊肉泡馍等。牛脂和羊脂的熔点很高，牛脂为 40~50℃，羊脂为 44~45℃，便于面点的成型和操作，但由于熔点高于人的体温，故不易消化和吸收。

2）植物性油脂。植物性油脂是指从植物的种子中榨取的油脂。榨取油脂的方法有两种：一是冷榨法，油的色泽较浅，气味较淡，水分含量大；二是热榨法，油的色泽较深，气味较浓香，水分含量少，出油量大。常用的植物油有花生油、菜籽油、豆油、茶油、香油等。

① 花生油。花生油是从花生仁中榨取的油脂，纯正的花生油透明清亮，色泽淡黄，气味芳香，常温下不混浊，温度低于 4℃时，稠厚混浊呈粥状，色为乳黄色。由于花生油味纯色浅，用途广泛，可用于调制面团、调馅和用作炸制油。用花生油炒制出的甜馅，油亮色香，如豆沙馅、莲蓉馅等。

② 菜籽油。菜籽油是从油菜籽中榨取的油脂，按加工精度可分为普通菜籽油和精制菜籽油。普通菜籽油色深黄略带绿色，且菜籽腥味浓重，不宜用于调制面团或用作炸制油；精制菜籽油经脱色脱臭精加工而成，油色浅黄、澄清透明，味清香，可用于调制面团或用作炸制油。菜籽油是我国的主要食用油之一，是制作色拉油、人造奶油的主要原料。

③ 豆油。豆油是从大豆中榨取的油脂。粗制的豆油为黄褐色，有浓重的豆腥味，使用时可将油放入锅内加热，投入少许葱、姜略炸后捞出，去除豆腥味。精制的豆油呈淡黄色，可直接用于调制面团或炸制面点。豆油的营养价值比较高，亚油酸的含量占脂肪酸的 52%，几乎不含胆固醇，消化率高。

④ 茶油。茶油是从油茶树结的油茶果仁中榨取的油脂，我国南方丘陵地区产量较多。茶油一般采用热榨法，呈金黄色，透明度较高，具有独特的清香味。茶油用于烹调，可以起到去腥、去膻的作用。由于茶油味较浓重，色较深，一般不适于调制面团或炸制面点。

⑤ 香油。又称麻油、芝麻油，是从芝麻中榨取的油脂，按加工方法分为大槽油和小磨香油。大槽油是以冷榨的方法制取的，油色金黄，香气不浓；小磨香油采用我国传统的一种制油方法——水代法制成，大致方法是将芝麻炒香磨成粉，加开水搅拌，震荡出油。小磨香油呈红褐色，味浓香，一般用于调味增香。

除以上介绍的植物油外，面点制作中还常用玉米油、椰子油、可可脂等。

3）加工性油脂。加工性油脂是指将油脂进行二次加工所得到的产品，如人造黄奶油、起酥油、人造鲜奶油、色拉油等。

① 人造黄奶油。人造黄奶油即人造黄油，也称“麦淇淋”，是英文“margarine”一词的音译。人造黄奶油的成分主要是氢化植物油、乳化剂、色素、盐、赋香剂、水等。人造黄奶油是奶油的代替品，具有良好的乳化性、起酥性、可塑性，有浓郁的奶香味，常用于制作西式面点。人造黄奶油与天然奶油相比，不易消化吸收。

② 起酥油。起酥油是以植物油为原料，经氢化、脱色、脱臭后形成可塑性好、起酥效果好的固体油脂。起酥油是将植物油所含的不饱和脂肪酸氢化为饱和脂肪酸，使液态的植物油成为固态的起酥油。起酥油分为低熔起酥油和高熔起酥油，使用时根据需要选用。

③ 人造鲜奶油。人造鲜奶油也称“鲜忌廉”，储藏温度在 -18℃以下。使用时，先在常温下软化，用搅拌机慢速打至无硬块后改为高速搅打，至体积涨发为 10~12 倍后改为慢速搅打，直至组织细腻、挺立性好即可使用。

④ 色拉油。“色拉”是英文“salad”一词的音译。色拉油用植物油经脱色、脱臭、脱蜡、脱胶等工艺精制而成，清澈透明，流动性好，稳定性强，无不良气味，在 0~4℃放置无混浊现象。色拉油是优质的炸制油，炸制的面点色纯，形态好。

（2）油脂在面点制作中的作用　油脂既是馅心的调味原料，也是面点的重要辅助原料，除调制油酥面团外，在成型操作和成熟过程中也是不可缺少的。油脂在面点中的作用主要表现在以下方面：

1）调味。

2）增加制品的营养。

3）润滑作用。

4）使制品形成层次，松脆、酥而不硬。

5）利用不同油温的传热作用，使制品产生香、脆、酥、嫩等不同的味道和质地。

6）可以美化装饰面点制品。

7）降低面坯的吸水量，延长制品的存放时间。

（3）油脂在面点中使用的注意事项

1）根据制品要求选用合适的油脂，需要色泽洁白的制品必须选用熟猪油或色拉油。

2）操作时要掌握好油温。需要色泽洁白的制品必须用中低油温，但油脂的温度又不能过低，否则会导致制品含油，吃在嘴里有肥腻的感觉；而对于要求色泽金黄的制品，开始也不能采用高油温，否则会引起外焦里不熟的现象，可以采用复炸的方法使其上色。

3）油脂不宜长时间高温加热。反复煎炸食物的油脂，由于长时间高温加热，不但使其中的维生素 A 和维生素 E 等遭到破坏，营养价值大大降低，而且还会产生大量有害物质，影响人体健康。

4）炸锅必须洗净、烧热，油脂要洁净。

2. 食用糖

（1）食用糖的种类及特点　糖是制作面点的重要原料之一，除了作为甜味剂之外，还能改善面团的品质。面点中常用的糖可分为食糖、饴糖两类。

1）食糖。食糖主要以甘蔗和甜菜为原料榨制而成，分为白砂糖、绵白糖、土红糖、冰糖等。

① 白砂糖为机制精糖，纯度很高，糖含量在 99% 以上，是用途最广泛的食糖。白砂糖以晶粒均匀一致、颜色洁白、无杂质、无异味为优，用水溶化后糖液清澈。根据晶粒大

小，可分为粗砂糖、中砂糖、细砂糖 3 种。白砂糖由于颗粒粗硬，当用于含水量少、用糖量大的面团调制时，应制成糖粉或糖浆使用，否则面团结构不均匀或烘烤、油炸后制品表面出现斑点。

② 绵白糖为粉末状的结晶糖，具有色泽雪白、杂质少、质地细腻绵软、溶解快的特点。绵白糖可直接加入面团中使用，常用于含水量少、用糖量大的面点中，如核桃酥、开花馒头、棉花杯等品种。

③ 红糖也称黄片糖。由于在制作中没有经过脱色及净化等工序，结晶糖块中含有糖蜜、色素等物质，因此具有色泽金黄、甘甜味香的特点。红糖在使用时需要溶成糖水，过滤后再使用，能起到增色、增香的作用，可用于制作年糕、松糕、蕉叶粑等。

④ 冰糖是白砂糖重新结晶的再制品，外形为块状的大晶粒，晶莹透明，很像冰块，故称冰糖。冰糖纯度高，味清甜纯正，一般用于制作甜羹或甜汤，如银耳雪梨盅、菠萝甜羹等。

2）饴糖。饴糖又称糖稀、米稀。它用谷物为原料，蒸熟后，加入麦芽糖酶发酵，使淀粉糖化后经浓缩而制成。饴糖是一种浅棕色、半透明、具有甜味、黏稠的糖液，根据浓缩程度的不同有稀、稠之分，使用时应根据其稀稠度掌握用量。饴糖由于含水量高，且含有淀粉酶、麦芽糖酶，在环境温度较高时容易发酵变酸，因此浓度低的饴糖不宜久置。

（2）糖在面点中的作用

1）增加制品甜味，提高营养价值。

2）改善点心的色泽，装饰美化点心外观。

3）调节面筋筋力，控制面团性质。

4）调节面团发酵速度。

5）防腐作用。

（3）糖在使用中的注意事项

1）糖除有甜味外，还有脱水性。因此面团中即使只加入少量糖，也会影响面筋的吸水性，同时还影响面团的物理性质，所以用水量应酌情减少，否则会使面团过软，操作不便。

2）发酵面团的用糖量不得超过 30%，否则会对发酵起妨碍或抑制作用，影响发酵质量。

3）使用糖特别是砂糖时，要先将糖溶解成溶液后再使用，若直接使用绵白糖，要反复揉匀揉透，否则成品易起斑点，影响美观。

3. 蛋及其制品

（1）蛋品的种类及特点　面点工艺中的蛋品分为鲜蛋、蛋粉、冰蛋、加工蛋（咸蛋和松花蛋等）4 种。

1）鲜蛋。鲜禽蛋种类很多，如鸡蛋、鸭蛋、鹅蛋、鸽蛋、鹌鹑蛋等，使用最多的是新鲜鸡蛋。各种禽蛋在结构和化学组成方面大致相同，都由蛋壳（占总重量的 11%）、蛋清（占总重量的 58%）、蛋黄（占总重量的 31%）3 个主要部分组成。

2）蛋粉。蛋粉是将质量好的蛋去壳，取其内溶物烘干制成，或者用喷雾干燥法制成，有全蛋粉、蛋白粉和蛋黄粉 3 种。

3）冰蛋。冰蛋是将鲜蛋去壳，蛋液搅拌均匀后低温冻结而成，有冰蛋白、冰蛋黄和冰全蛋 3 种。由于冰蛋采取速冻方法，因此蛋液的胶体特性没有被破坏，质量与鲜蛋差别不大，食用也比较方便，易于保存（应放在 −10~−8℃的冷库中）。

4）加工蛋（咸蛋和松花蛋）。面点工艺中常用的咸蛋大都为咸鸭蛋，主要取其固态的蛋黄制作馅心或装饰成品；松花蛋较多用于制作皮蛋粥。

（2）蛋品在面点工艺中的作用

1）增加成品色泽。蛋黄的颜色是面点制品黄色色彩的重要来源，以鸡蛋或蛋黄着色，是装饰美化面点制品最普遍、最安全、最健康的方法。

2）改进面坯的组织形态，提高疏松度和柔软性。蛋清的起泡性是制作蜂窝状组织结构、松软蛋糕制品的基础。

3）增加面点的蛋香气味。

4）具有乳化作用。蛋黄具有良好的乳化性，因其含磷脂等成分，油和水能很好地融合在一起，是一种理想的乳化剂。

4. 乳及其制品

（1）常用乳品的种类及特点

1）鲜乳。正常的鲜乳呈白色或白中略带微黄色，有清淡的奶香味。鲜乳组织均匀，营养丰富，使用方便，可直接用于调制面团或制作各种乳白色冻糕，如雪白棉花杯、可可奶层糕、杏仁奶豆腐等。鲜乳还常用于甜馅的调制，以增加馅心的奶香味和营养。

2）奶粉。奶粉是以牛、羊鲜乳为原料，浓缩后经喷雾干燥制成的，包括全脂奶粉和脱脂奶粉两大类。由于奶粉含水量低、便于保存、使用方便，因此广泛用于面点的制作。使用时要考虑奶粉的溶解度、吸湿性、甜度和滋味，先用少许水调匀，才能加入面团中，防止出现结块现象。

3）炼乳。炼乳是鲜奶加蔗糖，经杀菌、浓缩、均质而成。炼乳应有甜味、纯净的奶香味及良好的流动性，色泽浅黄，不应有蔗糖或乳糖结晶的粗糙感。炼乳可分为甜炼乳和淡炼乳两种，甜炼乳甜度大，使用时应注意适当减少用糖量。

（2）乳品在面点工艺中的作用

1）使制品颜色美观、味道醇香。

2）具有良好的乳化性，可以改进面坯的胶体性能，促进面坯中油和水的乳化，调节面筋的胀润度，使制品膨松、柔软可口。

3）提高成品抗老化能力，延长制品的老化期。

4）与制品生坯的表皮结合，成熟后形成一层含有脂肪的表皮，使制品表面光滑。

5）提高面坯的吸水率和出品率。

3.1.2 膨松剂

1. 膨松剂的种类和特点

膨松剂是面点加工工艺中的主要添加剂，它受热分解产生气体，使面坯形成多孔的组织，从而使制品膨松、柔软或酥脆。膨松剂有化学膨松剂和生物膨松剂两种。

（1）化学膨松剂　化学膨松剂可分为两类：一类是碱性膨松剂，如碳酸氢钠、碳酸氢铵；另一类是复合膨松剂，如泡打粉等。

1）碳酸氢钠（$NaHCO_3$）的理化性质。碳酸氢钠又名小苏打，呈白色粉末状，味微咸，无臭味，在潮湿环境下或热空气中会缓缓分解放出二氧化碳，在使用时一般应控制在2%以内。

2）碳酸氢铵（NH_4HCO_3）的理化性质。碳酸氢铵又名臭粉，呈白色粉末状结晶，有氨臭味，热稳定性差，能在空气中风化，固体在58℃、水溶液在70℃时会分解出氨和二氧化碳。碳酸氢铵在使用时一般应控制在1%以内。

3）泡打粉的理化性质。泡打粉是由酸剂、碱剂和填充剂组合成的一种复合膨松剂。泡打粉呈白色粉末状，无异味；在冷水中即可起化学反应，放出二氧化碳；水溶液基本呈中性，二氧化碳散失后，略显碱性。

泡打粉在冷水中即可起化学反应产生二氧化碳，因此，在使用时应尽量避免过早与水接触，以保证其正常的膨松力。

（2）生物膨松剂　生物膨松剂主要是指酵母膨松剂，用于使面团膨松。酵母膨松剂包括压榨鲜酵母、活性干酵母、面肥3种。

1）压榨鲜酵母。压榨鲜酵母又称鲜酵母，呈块状，乳白或淡黄色；具有酵母特殊的味道，无腐败气味，不黏，含水量在75%以下，较易酸败；发酵力强而均匀。

2）活性干酵母。活性干酵母又称依士粉，呈小颗粒状，一般为淡褐色；含水量在19%以下，不易酸败；发酵力强。

酵母在使用时一般需加入30℃的温水溶成酵母溶液，再加入少许糖，以恢复活力。在使用中应避免酵母液直接与盐、浓度过高的糖液、油脂等物质混合。

3）面肥。面肥指含有酵母的面头，行业内也称为酵种、老面、老酵。面肥中除含有酵母菌外，还含有乳酸菌、醋酸菌等杂菌。

面肥在使用时应放在面粉中间，加少许水（根据气候的变化来调节水温）调制成面团，然后放在温暖的地方进行发酵。

2. 膨松剂的一般用量和保存方法

膨松剂的一般用量和保存方法见表 3-1。

表 3-1 膨松剂的一般用量和保存方法

种 类	一般用量	保存方法
碳酸氢钠	在 0.5%~1.5% 的范围内，按“正常生产需要”	密封，在干燥处保存
碳酸氢铵	在 1% 的范围内，按“正常生产需要”	密封，在阴凉干燥处保存
泡打粉	3% 以内	密封保存
压榨鲜酵母	2%	4℃保存
活性干酵母	1% 左右	密封保存

3.1.3 化学膨松面坯

1. 化学膨松面坯定义

化学膨松面坯就是将适量的化学膨松剂加入面粉中调制而成的面团。它利用化学膨松剂发生的化学反应产生气体，使面团疏松膨胀。这种面团常具有膨松、酥脆的特点，一般使用糖、油、蛋等辅助原料调制而成，如油条、棉花杯等就属于化学膨松面团制品。

2. 化学膨松性面坯的特点

体积膨松多孔、呈蜂窝状组织结构的面坯，口感酥脆浓香；呈海绵状组织结构的面坯，口感暄软清香。

3. 化学膨松面坯工艺流程

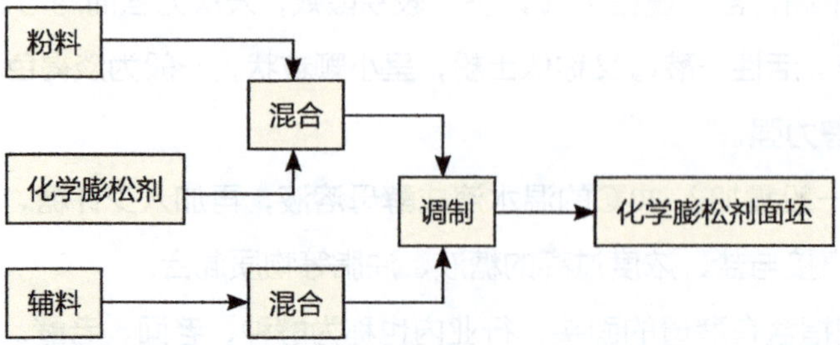

4. 化学膨松法的基本原理

化学膨松面坯虽然在膨松剂的种类上、主坯下料比例上（油、糖、蛋、面之比）、产品的成型方法上各有不同，但是主坯膨松的基本原理却是一致的。即将化学膨松剂按一定的比例加入到主坯中，通过膨松剂的化学反应特性——水解、热分解、酸碱中和等，产生二氧化碳。同时，主坯中其他原料的化学成分在遇热后产生一连串化学的、物理的及生物性的变化，使面坯变为成熟的、具有蜂窝状或海绵状结构的成品，且有着比生坯大得多的体积和令人愉快的香味。同时，由于面筋蛋白质的热变性，使柔软的、有可塑性的面坯变成一种稳定的形态。

（1）熟制中水分的变化　面坯加入化学膨松剂后经成型，在熟制（烤、蒸、炸）的开始阶段，由于化学膨松剂的化学反应（水解、热分解、酸碱中和）在面坯内生成气体的同时，也有水生成，所以面坯在加热初期，生坯表面既在失水同时也产生了水分，直到生坯内化学膨松剂分解完毕，生坯才开始蒸发失水，直至面坯完全成熟。虽然吸湿作用是短暂的，但是生坯表面结构中的淀粉粒在高湿高温的情况下迅速膨胀糊化，使成熟后的生坯表面产生光泽。

（2）熟制中厚度的变化　生坯进入烤炉或蒸锅后，化学膨松剂受热分解或起化学反应，产生大量的二氧化碳，这些气体在生坯的加热初期被生坯内蛋白质形成的湿面筋包裹住。随着温度的提高、气体生成量的增大，形成了强大的气压，湿面筋所特有的对气体的抗胀力，使生坯的厚度急剧增加。随着熟制过程的进行，膨松剂逐渐分解或反应完毕，面坯所受的高温促使蛋白质变性凝固，此时面坯稍变薄，最后完全定型。此过程用化学反应式可表示为：

小苏打　$2NaHCO_3 \xlongequal{加热} Na_2CO_3+CO_2\uparrow+H_2O$

臭粉　$NH_4HCO_3 \xlongequal{加热} H_2O+NH_3\uparrow+CO_2\uparrow$

泡打粉　$NaHCO_3+HCOOC(CHOH)_2COOK \xlongequal{加热} NaOOC(CHOH)_2COOK+CO_2\uparrow+H_2O$

应该注意的是，小苏打、臭粉遇热分解产生二氧化碳；而泡打粉遇水在一定的温度条件下发生化学反应，产生二氧化碳气体。

3.2 生坯成型

3.2.1 生物膨松面坯成型

1. 酵母面团的调制

1）面粉中间刨一窝，放入活性干酵母、白糖、温水，拌和揉制成光洁的面团。操作简单便捷，适合制作馒头、花卷类制品。

2）干酵母用温水化开浇入面粉中，再加入其他原料掺和成团，用力揉匀揉透至面团光滑或用压面机压光滑。此类发酵法是厨师最常用的方法。

3）先调制一块稍微偏硬的水调面团，将少许干酵母加面粉、水调制成糊状，掺入水调面团中再揉透揉光滑。这类调制方法适合光洁度要求高的造型制品，如技能大赛的发酵作品。

2. 影响面团发酵的因素

（1）温度　温度是影响酵母生长繁殖的主要因素之一。酵母生长的适宜温度是 27~32℃，最适合的是 27~28℃。酵母的活性随着温度的升高而增强，面团产气量也随之大量增加，发酵速度加快，因为在不同的温度下，酵母的活性也不相同。例如，0℃以下，酵母菌没有活性；0~30℃时，酵母活性随着温度的升高而不断增强；27~32℃时，酵母的活性最强，繁殖最快；32~38℃时，酵母活性随温度升高而降低；60℃以上，酵母菌死亡，彻底丧失生长繁殖能力。因此在调制面团时，调制好的面团温度控制在 30℃较为适宜。另外，面团或半成品在醒发时温度也应保持在 30℃左右，这样才能保证面团在较短时间内最大限度地膨胀。

（2）酵母　酵母对发酵面团的影响主要有两方面：

1）酵母的发酵力。酵母的发酵力直接影响面团的发酵。酵母发酵能力强，面团发酵速度快；酵母发酵能力差，则面团发酵速度慢。在相同条件下酵母比面肥发酵能力强，液体酵母、压榨鲜酵母比活性干酵母的发酵能力强。

2）面团中酵母的用量。一般来说，酵母用量增加，面团发酵速度会随之加快，发酵时间缩短；酵母数量减少，则面团发酵速度减慢，时间也延长。但酵母用量也不是越多越好，应根据实际情况而定。例如，气温高，面团发酵快，可以少放酵母；反之就要适当多放酵母。酵母量超过一定限度反而会抑制其活力，一般占面粉的2%以内。

（3）面粉　面粉对发酵的影响主要指面筋和淀粉酶的作用。发酵面团具有保持气体的能力是因为面团中含有有弹性和延伸性的面筋。面筋蛋白与水结合，经过揉搓形成面筋网络，从而能保持气体并促进面团的胀大。若面筋蛋白含量过高，生成的面筋网络过多，保持气体能力过强，反而会抑制面团的胀大，延长发酵时间；反之，面筋蛋白的含量低则面筋容易拉伸，保持气体能力弱，面团易塌陷，组织结构不好，制品不膨松。因此，制作一般的发酵制品时，应选择面筋蛋白含量适中、筋力较强的面粉。另外，酵母的繁殖需要淀粉酶将面粉中的淀粉转化成单糖提供养分。若面粉已经变质或已经高温处理，淀粉酶受到破坏，就会直接影响酵母的繁殖，阻碍酵母产生气体。

（4）加水量　在发酵的过程中，面团加水量不同形成的软硬度也不同。面团的软硬度与面团产生气体和保持气体的能力有密切的关系。面团软，则面团发酵速度快、时间短，但气体易散失；面团硬，面筋网络筋力强，发酵时间长，但保持气体的性能良好。加水量应根据面粉的质量、性能、气温的高低、面团的用途等因素来具体掌握，调节好软硬度。面粉与水的质量比一般为 2:1。

（5）渗透压　面团发酵过程中影响酵母菌活性的渗透压主要是由糖和盐引起的。酵母细胞外围有一层半透明的细胞膜，高浓度的盐和糖产生的渗透压很大，可使酵母体内原生质渗出细胞膜而无法生长。因此，当糖、盐达到一定浓度后，面团发酵受到限制，发酵速度缓慢。糖的使用量一般控制在5%~7%，产气能力大，否则反受抑制。根据面团用途，加糖量超过7%的情况下，可选择“高糖酵母”。盐抑制酶的活性，因此对增强面筋筋力、加强面团稳定性有一定的作用。

（6）时间　以上各种因素在不同程度上影响着面团发酵的时间。面团发酵时间长短对发酵质量至关重要。发酵时间越长，产生气体越多。但若时间过长，则面团发酵过度，产生的异味越大，面团的弹性也越差，制出的成品坍塌不成型；发酵时间短，则产生的气体少，面团发酵不足，制出的成品色泽差，不够暄软。因此，要从多方面综合考虑，准确掌握时间，取得良好的发酵效果。

3.2.2　化学膨松面坯成型

各种化学膨松剂由于成分不同，加入面团后膨松效果也不同，因此要根据成品的要求选用合适的化学膨松剂种类及用量。化学膨松面坯调制要领如下。

1. 正确选择化学膨松剂

要根据制品种类的要求、面团的性质和化学膨松剂自身的特点来选择化学膨松剂。例如，小苏打适用于高温烘烤的糕饼类制品，如桃酥、甘露酥等，也适合制作面肥发酵面团品种。碳酸氢铵（臭粉）比较适合制作薄型糕饼，因其加热后气味难闻，薄型糕饼面积大、用量小，气味易挥发。臭粉也可用于制作开花的酵面制品，如广东的叉烧包。但用臭粉制作的成品应冷却或复蒸后再上桌，否则其不良气味会使食客产生误解。制作油条类食品时，可选用化学膨松剂，比如小苏打、泡打粉等。

2. 严格控制化学膨松剂的用量

操作时必须掌握好用量。用量大，面团苦涩；用量不足，成品不膨松，影响制品质量。小苏打的用量一般为面粉的1%~2%；臭粉的用量为面粉的0.5%~1%；制油条时，碱使用量为面粉的2.5%；泡打粉用量可按其性质和使用要求掌握。另外，气温不同，膨松剂的用量也会有所变化。

3. 科学掌握调制方法

使用化学膨松剂时，应注意水温。化学膨松剂遇热会引起化学反应，分解出部分气体，使成品在成熟时不能产生膨松效果而影响质量。加入化学膨松剂的面团必须揉匀揉透，否则成熟后成品表面会出现黄色斑点，并影响口味。

3.3 产品成熟

3.3.1 蒸制成熟

1. 蒸的定义

蒸是利用高温蒸汽作为传热介质，通过对流传递热量，使生坯成熟的一种方法。在面点制品熟制方法中，蒸使用非常广泛，如常见的馒头、包子、卷子、蒸饺、烧卖等都是蒸制成熟的。

2. 蒸制品的特点

以蒸汽为介质传热，具有保持制品湿润柔软、维持外形稳定、保护营养成分等诸多优点。成品味道纯正，吃口柔软，易于消化，特别适合老人、小孩食用，而且，蒸制法操作简单，成熟迅速，适合批量生产，经济方便，深受餐饮行业和大众喜爱。

3. 蒸的操作要领

（1）蒸锅中水量要足，且水要烧开　蒸锅内加水量一般以八成满为宜，过多则水沸后会慢慢浸湿生坯，过少则蒸汽不足。生坯上笼时水一定要开，保证蒸汽充足，有利于成品的膨胀。

（2）掌握好生坯的摆放距离　将生坯按一定间距整齐地摆入蒸笼，其间距应使生坯在熟制过程中有膨胀的余地。间距过密，会使制品相互粘连，影响形态。

（3）掌握蒸制火力和时间　不同的面点制品，大小、体积、形态都不同，而且原料不同，质地和性质也有很大差异，所以不同的面点制品蒸制时，要采用不同的火力，严格控制成熟时间。如不能精确掌握熟制时间，就要学会用简单的方法鉴别成熟度，即用手轻拍一下制品，制品不粘手，有弹性，并有自然的香味，表明已经成熟了。

（4）保持水质清洁　水质清洁是保证成品质量的关键。在蒸制的过程中，制品中的油脂、糖分及其他物质，会流入或融入水中，污染水质，特别是油脂和浮沫，会覆盖在水面，影响蒸汽的形成和向上的气压。所以要经常换水。

4. 主要工具

制作蒸点的主要工具有案台、刮刀、擀面杖、电子秤、量杯、蒸笼、蒸锅等。

3.3.2 烤制成熟

1. 烤的定义

烤是利用各种烘烤炉（箱）内产生的高温，通过辐射、传导和对流 3 种传热方式，使生坯成熟的方法。

2. 烤制品的特点

1）烤制品色泽金黄，质地酥、软、香、脆。

2）烤制品干燥，可长期存放。

3. 烤的操作要领

1）烤盘和生坯摆放要适当，烤盘间距和生坯摆放密度对烘烤有直接影响。如果过稀，不利于热能的充分利用，易造成炉内湿度小、火力集中，使制品表面粗糙、灰暗甚至焦煳；如果过密，影响生坯膨胀，甚至相互粘连，破坏造型。因此，生坯摆放的间隙既不能过稀也不能过密，以满盘为宜。

2）烤制时，要根据品种的要求来调节炉温。

3）掌握成熟时间，及时出炉。

4）烤制时，底火温度一般低于面火温度，可防止底部颜色过深。

4. 主要工具

制作烤点的主要工具有案台、刮刀、电子秤、量杯、烤炉、烤盘等。

3.3.3 炸制成熟

1. 炸的定义

炸又称油炸，是将成型的面点生坯投入到一定温度的油锅中，以油为传热介质使生坯成熟的方法。炸制品具有色泽亮，口味香、松、酥、脆等特点。炸的成熟方法使用很广泛，主要用于各种油酥面团、化学膨松面团及米粉面团制品等。

2. 炸制品的特点

1）由于油的导热能力强，故炸制品有成熟快、吃口香脆、色泽金黄、含油量大的特点。

2）炸的成熟方法使用范围广，适于多种面团的点心制品。

3. 炸的操作要领

炸的熟制技术难度相对高，危险性大，若操作稍有不慎，易造成烫伤。在操作时，注意力要集中，严格遵守以下操作要领，避免发生意外，保证炸制品质量。

（1）掌握好火候，火力不宜过旺　在炸制面点时，要根据成品的要求适当控制火候，油受热温度升高得很快，所以火力不可太旺，否则易造成制品焦化。对于初学者，油温不够时，可适当延长加热时间。一般情况下可以先用稍大火加热，待油温升至所需温度时，将火力转小。

（2）按制品需要控制油温　不同的制品炸制时需要的温度不一样，有的 110℃左右即可下锅，如明酥制品的炸制；有的要 150℃以上，如开口笑；有的要 200℃左右，如油条。需要高油温的制品，下锅后外壳能迅速凝结，形成香、松、酥、脆的特点。如油温过低，会使色泽发白，软而不脆，并且延长成熟时间，使成品僵硬不松，影响口感和风味。因此，油温的运用要根据品种的不同区别对待。

（3）控制油量　炸制法要求油量多，制品不但要全部浸没在油中，而且还要有较大的活动余地。一般情况下，油量与生坯的比例为 6:1 左右，同时还要考虑锅的种类，平底锅还是普通铁锅要根据制品的需要选择。

（4）掌握加热时间，准确判断制品成熟度　炸制的时间对制品的质量影响较大，时间不够，制品半生不熟；时间过长，口感粗老，可能焦煳。为了保证成品的质量，必须根据品种形状的特点、油量的多少、火力的大小、油温的高低，恰当掌握加热时间，使制品的成熟恰到好处。

（5）炸油要干净　用于炸制的油脂必须清洁无杂质，如油脂不清，会影响热的传导，污染生坯，影响成品的色泽和质量。例如，明酥制品要求色泽洁白，酥层清晰，含有杂质的老油很难达到制品要求。另外，油经过高温反复加热后，会产生一系列变化，营养物质遭到极大破坏，甚至会产生致癌物质，如长期食用这些油炸食品，会对身体产生严重危害。因此，炸制油不能反复使用。

4. 主要工具

炸制面点的主要工具有案台、刮刀、电子秤、量杯、油锅等。

3.3.4 煎制成熟

1. 煎的定义

煎是利用油脂及锅体的金属传递热量使生坯成熟的方法，可分为油煎、煎炸和水油煎。

（1）油煎　油煎是将锅烧热，淋上油，放入生坯，先将生坯的一面煎至金黄色，然后再翻面也煎至金黄色。煎制时，一般不需加盖，只需移动锅，使制品上色均匀即可。

（2）煎炸　此方法与油煎相似，只不过多了一道炸的工序，行业称这种方法为“半煎半炸法”。煎炸一般是先煎后炸。先把平锅内抹一层薄薄的油，放入生坯一面煎成金黄色，翻面再煎，然后加油把制品内部炸熟，但加油量不可超过生坯厚度的一半，此法煎得时间较短，炸得时间较长，如鲜肉酥卷等。制品特点是色呈金黄，外香脆，内软嫩。

（3）水油煎　水油煎是集蒸、油煎为一体的熟制方法。具体做法是先将锅体烧热，放入一定量的油，再将生坯放入加热，稍煎后加入适量的水或粉浆，焖煮至水干后，再淋上尾油将生坯煎至金黄色。一般要加盖，生坯不翻面。

2. 煎制品的特点

1）煎制适用于易成熟或复加热的品种，如煎三鲜豆皮、煎年糕。

2）煎制品具有香脆、柔软、油润、光亮等特点。

3. 煎的操作要领

1）煎制时要掌握好火力，一般以中小火为好。

2）为使生坯受热均匀，应经常移动锅位，或移动生坯，并控制好翻坯的次数。

3）一般情况下，煎制的时间应视品种的大小、厚薄而定。

4）控制油量和水量。煎主要是利用锅体传热使制品成熟的，油和水只是辅助传热介质，油量和水量一次不能添加过多。

5）注意操作安全，预防烫伤。

4. 主要工具

制作煎制品的主要工具有案台、刮刀、擀面杖、电子秤、量杯、平底不粘锅、木铲勺等。

技能训练 1　油条面坯的调制

1. 任务描述

（1）**油条面坯的调制**　要掌握和面、揉、搋、捣、醒制等工艺。

（2）**制作原理**　化学膨松原理（油条膨松剂膨松的原理）。

2. 操作流程

准备工作→和面→搋面→静置醒面→油条面坯。

3. 操作准备

（1）**设备及工具**　案台、量杯、搅拌机、电子秤、粉筛、面盆、保鲜膜。

（2）**原料**　高筋面粉 1000 克、安琪无铝油条膨松剂 20~30 克、盐 13 克、糖 12 克、鸡蛋 1 只（可不加）、水 500~600 毫升、色拉油 55 毫升（拌料用，可不加）、色拉油 1650

毫升（油炸用）。

4. 操作步骤

1）高筋面粉、安琪无铝油条膨松剂过筛后倒入面盆中拌匀。

2）将盐、糖、鸡蛋、水、色拉油 55 毫升也放入面盆中拌匀，使劲揉搓（或用搅拌机搅拌）成柔软的面团。

3）面团松弛后搋成长方形，叠三层后继续松弛，重复上述操作，直至面团表面有许多气泡后擀成长方形，表面抹上色拉油后盖上保鲜膜。

4）醒置 3~4 小时（夏季），春秋季醒发 6~7 小时，冬季可更长。

5. 质量标准

面坯柔软、滋润、光滑，有弹性、韧性、延伸性。

6. 注意事项

1）面团要根据面粉的吃水量加水，总的要求是面团要软一些。

2）要反复将面搋搗均匀，直至面坯光滑柔软。

3）面要醒透，面团醒发时间要够长。

4）醒面注意防风干，要抹上油，用保鲜膜封好。

技能训练 2　无褶豆沙包的成型

1. 任务描述

（1）**豆沙包的成型**　采用无缝包法，比较简单，常用于糖包、生煎包等品种制作。关键在于收口时左右手要配合好，要用力收平、收紧，然后将剂顶揪出。

（2）**制作原理**　生物膨松原理（纯酵母膨松的原理）。

2. 操作流程

准备工作→和面→发酵→制皮→包馅→成型

3. 操作准备

（1）**设备及工具**　案台、蒸笼、筷子、量杯、电子秤、面盆、擀面杖、刮刀、馅挑、保鲜膜。

（2）**原料**　中筋面粉 400 克、酵母 3 克、白糖 10 克、温水 200 毫升、熟猪油 10 克、红豆沙馅 250 克、植物油少许。

4. 操作步骤

1）用温水 80 毫升化开酵母，放置 3 分钟。

2）在盆中放入面粉、白糖、熟猪油，往盆中倒入酵母水，再一边倒入剩余的温水，一边用筷子将面粉搅成絮状。将絮状面粉揉成团至三光（面光、盆光、手光）即可。

3）盖上保鲜膜，放在温暖的地方发酵30分钟。

4）取出发酵好的面团，不停撒干面粉揉面，一定要揉到位，将面坯搓成长条，揪剂子（25克个），按扁，擀成中间厚边薄的圆皮备用。

5）将圆皮采用无缝包法包入豆沙馅15克，再捏成鸭蛋圆状，收口朝下，放在垫有油纸的蒸笼中，盖上笼盖，醒发20分钟。

5. 质量标准

色泽白净，规格一致，质感膨松，呈半球形。

6. 注意事项

1）面坯要碾压滋润光滑，否则成品表面欠光滑。

2）擀皮时要中间稍厚边缘稍薄。

3）收口处要严，不要有疙瘩。

技能训练3　提褶生肉包的成型

1. 任务描述

（1）**提褶包子的成型**　采用提褶包法，技术难度较大，主要用于小笼包、大包及中包等品种的制作。由于包子皮软、馅心软，所以在包制时要求双手配合甩动，使馅和皮由于重力产生凹陷，便于包制。

（2）**制作原理**　生物膨松原理（纯酵母膨松的原理）和化学膨松原理（泡打粉膨松的原理）。

2. 操作流程

准备工作→调制发酵面团→下剂→制皮→包馅→提褶→成型。

3. 操作准备

（1）**设备及工具**　案台、量杯、电子秤、面盆、擀面杖、刮刀、馅挑、保鲜膜。

（2）**原料**　面粉500克、酵母6克、白糖20克、泡打粉5克、温水250毫升、鲜肉馅500克。

4. 操作步骤

1）将面粉、泡打粉混合过筛，中间扒一个窝，加入白糖、酵母、温水。

2）拌至糖完全溶化，调制成发酵面团，揉匀揉透。

3）摘 25 个剂子，按扁。

4）将剂子擀成中间稍厚、边缘略薄的直径为 7 厘米的坯皮。

5）左手托皮，右手抹上 20 克肉馅。

6）用右手拇指和食指边包边提褶，左右手配合甩动，捏出 18~26 个褶子，收口呈鲫鱼嘴状，即成生坯。

5. 质量标准

形态饱满，馅心居中，褶纹清晰均匀，不少于 18 个褶子，收口自然、小巧，馅心鲜咸味美。

6. 注意事项

1）发酵面团软硬适中，膨松胀发。

2）左右手配合协调，收口小巧、自然，像鲫鱼嘴。

3）包好收口时动作要轻，不可将馅心挤出，要捏紧捏严，馅心居中。

技能训练 4　油条的成型

1. 任务描述

（1）**油条成型**　主要用到了切、擀、剁、叠、压成型技巧。

（2）**制作原理**　化学膨松原理（油条膨松剂膨松的原理）。

2. 操作流程

准备工作 → 下剂 → 成型。

3. 操作准备

（1）**设备及工具**　案台、擀面杖、厨刀、保鲜膜、刷子。

（2）**原料** 油条面坯、植物油。

4. 操作步骤

1）案台上刷油，将面坯放在案台上铺成长方形，盖好保鲜膜。

2）用刀切成5厘米宽的长条，用擀面杖擀成宽约10厘米，厚约0.5厘米的长片，再切成宽约2厘米的条。

3）将两根面条叠在一起，用刀背压一下，使其中间相连即成油条生坯。

5. 质量标准

大小、形状、薄厚一致。

6. 注意事项

1）面团尽量和得软一些，如果面团太硬，炸出的油条就会太实不好吃。

2）面团要充分醒制，否则达不到应有的膨松度。

3）成型之前将面团加油搋匀，再醒，如此几次，使面团呈柔软润滑的状态，做出的油条才好吃。

4）面坯醒好后直接切条，再切剂，千万不要再揉或搋，否则成品不膨松。

技能训练5 棉花包的成型

1. 任务描述

（1）**棉花包成型** 主要有两点，一是借助模具，二是泡打粉的应用。

（2）**制作原理** 化学膨松原理（泡打粉膨松的原理）。

2. 操作流程

准备工作 → 称量 → 调制面糊 → 成型 → 成熟。

3. 操作准备

（1）**设备及工具** 案台、蒸笼、电子秤、刮刀、手勺、筛子、不锈钢盆、纸托、花模。

（2）**原料** 低筋面粉185克、澄粉60克、豆沙馅50克、绵白糖150克、牛奶200毫升、泡打粉10克、熟猪油32克、蛋清17毫升、白醋1毫升。

4. 操作步骤

1）泡打粉与面粉、澄粉一起过筛。

2）将绵白糖、熟猪油、蛋清、牛奶倒入面粉盆中调匀。

3）再加入白醋调均匀，即成棉花包面糊，过筛。

4）将面糊用勺舀入垫上纸托的花模内。

5）中间放入豆沙馅。

6）上面盖上面糊到花模的2/3处即成棉花包生坯。

7）将花模放入蒸笼内，用足蒸汽蒸12分钟。

5. 质量标准

洁白有光泽，大小一致，花朵均匀，皮坯松软、香甜。

6. 注意事项

1）加入材料时，要一边加一边搅拌，直到搅拌成黏稠可以流动的面糊过筛，这样才不会有颗粒，面糊比较细腻。

2）蒸制时火候要大、蒸汽要足。

技能训练6　无褶豆沙包的蒸制

1. 任务描述

（1）**无褶豆沙包的蒸制**　掌握蒸制用水量、火力和蒸制时间。

（2）**制作原理**　利用水蒸气的热传导作用使面点成熟。

2. 操作流程

豆沙包生坯→醒发→熟制→揭屉→无褶豆沙包成品。

3. 操作准备

（1）**设备及工具** 蒸烤箱、蒸盘、油刷、喷壶。

（2）**原料** 豆沙包生坯、植物油。

4. 操作步骤

1）油刷蘸植物油将蒸盘刷均匀，将醒透的豆沙包整齐平稳地码放在蒸盘中，用喷壶在豆沙包生坯表面喷少量水。

2）事先将蒸烤箱接通电源，按注水键，产生蒸汽后将蒸烤盘放入蒸烤箱内，蒸制10分钟。

3）蒸烤箱按停止键，稍散蒸汽后，打开箱门，取出蒸熟的豆包码入餐盘即成。

5. 品质要求

形态美观，馅心居中，发酵充足，皮质膨松。

6. 注意事项

1）掌握蒸烤箱的使用方法。

2）掌握醒发程度。醒发至生坯表面饱满、光滑、胀大膨松时才可进行蒸制。

3）码屉要平稳整齐。豆沙包呈半球形，如果馅心不能包在正中间，蒸烤盘的移动可能会使豆沙包生坯滚动导致接口侧翻，从而影响成品造型。

技能训练7 提褶包子的蒸制

1. 任务描述

（1）**提褶包子的蒸制** 掌握蒸制用水量、火力和蒸制时间。

（2）**制作原理** 利用水蒸气的热传导作用使面点成熟。

2. 操作流程

准备→静置醒发→熟制→揭屉→提褶包子成品。

3. 操作准备

（1）**设备及工具** 油刷、蒸笼。

（2）**原料** 提褶包子生坯。

4. 操作步骤

1）笼屉刷油，将包子整齐地码在笼屉中。

2）将生坯醒发至包体松软。

3）蒸锅中注入七成水，烧沸后将笼屉放入蒸锅，蒸制 10 分钟即可。

4）关闭火，稍散蒸汽。

5）取出提褶包子成品。

5. 质量标准

暄白绵软，形态饱满，褶子清晰细腻，符合“荸荠鼓，鲫鱼嘴”的要求，大小均匀，馅心鲜香、滑嫩。

6. 注意事项

蒸制时间不要过长，防止跑油漏底。

技能训练 8　鲜奶油盏的烤制

1. 任务描述

（1）**鲜奶油盏的烤制**　掌握烤制的面火温度、底火温度和烤制时间。

（2）**制作原理**　烤炉的热辐射和热对流使面点生坯成熟。

2. 操作流程

准备工作→和面→擀皮→按模成型→预热→烤制→脱模→挤注馅心→点缀→成品。

3. 操作准备

（1）**设备及工具**　烤箱、搅拌机、裱花袋、量杯、菊花盏模、菊花套模、案台、面盆、擀面杖、油刷、粉筛、电子秤、防热手套、保鲜膜。

（2）**原料**　低筋面粉 200 克、黄油 80 克、糖粉 80 克、蛋液 80 克、吉士粉 10 克、泡打粉 4 克、植脂奶油 200 毫升、红樱桃 2 颗（切碎）。

4. 操作步骤

1）低筋面粉放在案台上，加入吉士粉、泡打粉拌匀、过筛，中间扒窝，放入黄油、蛋液、糖粉搅拌均匀，使糖、油化开，再与低筋面粉拌匀，采用折叠法使其成为光滑的面团。包上保鲜膜静置松弛 20 分钟。

2）将面团擀成长方形薄皮，用菊花套模刻出圆皮，按入抹过油的菊花盏模中，将底部按薄，带模放入烤盘中。

3）烤箱开底火、面火预热至160℃。

4）将菊花盏模放入烤15分钟至呈淡黄色即可，冷却后将菊花盏从模具中取出。

5）将植脂奶油放入搅拌机中，中速打成雪白的糕体，装入裱花袋，挤入菊花盏中，呈塔形，顶部点缀上红樱桃碎即成。

5. 质量标准

油盏金黄，酥松甘甜，奶油洁白，细腻香甜。

6. 注意事项

1）调制面坯应使用中筋、低筋面粉，如果筋力太高，会使面坯力过强，制品产生收缩现象。

2）一般选用熔点较高的油脂。

3）调制面坯的糖，以糖粉或易溶化的细绵白糖为宜。

4）静置醒面的时间一定要充分。

5）面坯调制时，一般采用折叠法调制，防止面坯出油、上劲。

6）烤炉温度控制得当。如果炉温高，上色太快，容易外焦内不熟；如果炉温低，成品自然流散，影响造型。

7）出炉时制品质感松软，触摸易变形，因此要凉透后再取出装盘。

技能训练9　油条的炸制

1. 任务描述

（1）**油条的炸制**　掌握用油量、油温、火候、炸制时间、翻面技巧。

（2）**制作原理**　通过油脂的热对流使面点生坯成熟。

2. 操作流程

准备→生坯→下锅→炸制→油条成品。

3. 操作准备

（1）**设备及工具**　油刷、炸锅、厨刀、铁筷子。

（2）**原料**　油条生坯、植物油。

4. 操作步骤

1）炸锅上火烧热，注入植物油。

2）油锅烧至六成热（180℃左右），两手将生坯从中间向两端抻开约长 18cm，生坯中间先下入锅中抻直炸 2 秒后再将生坯全部下入锅中。

3）用铁筷子不停地滚动生坯，使之均匀受热，待油条鼓起且皮松脆、色泽金黄即可出锅。

5. 质量标准

色泽金黄，疏松通脆，咸香适口，长时间放置不塌陷。

6. 注意事项

1）油条面团应该柔软、润滑、延展性好，有点类似于做面包的面团。

2）炸时掌握好油温，油条下入时能迅速膨发起来。通常达到 175~180℃，下油条时起小泡即可。

3）油条翻面只能用筷子从油条坯的侧下方轻轻拨过去，不能夹着油条翻身，因为油条还没定型，夹扁了就不膨松了。

技能训练 10　水煎包的煎制

1. 任务描述

（1）**水煎包的煎制**　掌握水油煎的用油量、温度、粉浆的浓稠度及加入时间、成熟与否的判断。

（2）**制作原理** 煎制时，火源通过金属煎锅、油脂将热量以传导、对流的方式传递给制品生坯，同时水遇热锅和热油转变成热蒸汽，以对流的方式传递热量进一步促进制品成熟。热蒸汽使生坯中的淀粉吸水膨胀、糊化，蛋白质变性，使生坯成熟，上部柔软，底部色金黄、香脆。

2. 操作流程

调制面浆→煎锅刷油→码放生坯→加入粉浆→煎至底部金黄→水分蒸发干→淋上花生油→装盘。

3. 操作准备

（1）**设备及工具** 煎锅、锅盖、小盆、平铲、小碗。

（2）**原料** 包子生坯、植物油、面粉 20 克、水 100 毫升。

4. 操作步骤

1）用水将面粉调成稀粉浆。

2）将煎锅预热、刷油。

3）将醒好的生坯码在煎锅中，将粉浆淋入锅内，盖上锅盖煎 15 分钟左右，煎至底部呈金黄色。

4）待水烧干揭开锅盖，再淋上花生油盖上盖，2 分钟后掀开盖，铲起煎包，把煎黄的底面朝上装盘即成。

5. 质量标准

成品饱满、面坯柔润，底部金黄脆香，馅鲜香、适口。

6. 注意事项

1）放在炉火上的煎锅，锅底各部分受热温度不均匀，一般中间温度较高，四周较低。为保证制品质量，在煎的过程中应经常移动锅位置。

2）码放生坯时应先摆四周，最后摆中间，这样水煎包底色才能一致。

3）煎制时的火力以中火为宜。

4）稀粉浆不要加得太多，锅底铺满薄薄一层即可。

复习思考题

1. 简述糖在面点制作中使用的注意事项。
2. 简述酵母在生物膨松面团中对发酵的影响。
3. 简述化学膨松面团的膨松原理。
4. 简述炸的操作要领。

项目 4

层酥面品种制作

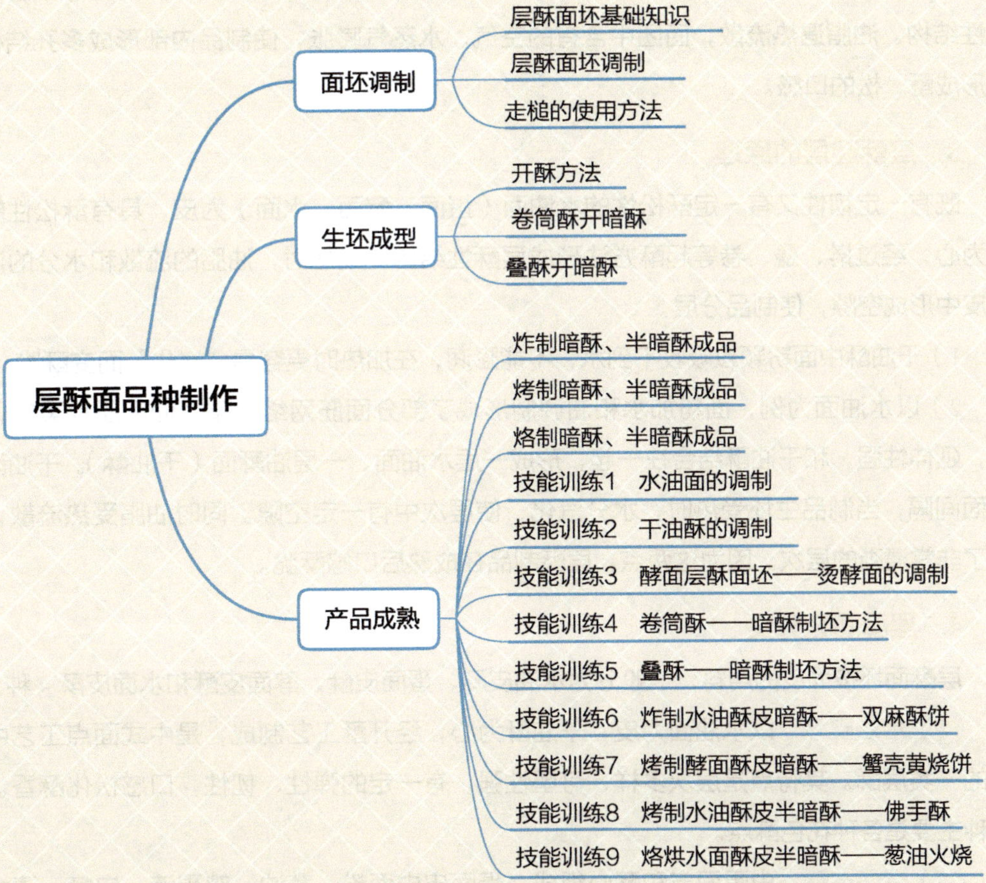
层酥面品种制作
面坯调制
层酥面坯基础知识
层酥面坯调制
走槌的使用方法
生坯成型
开酥方法
卷筒酥开暗酥
叠酥开暗酥
产品成熟
炸制暗酥、半暗酥成品
烤制暗酥、半暗酥成品
烙制暗酥、半暗酥成品
技能训练1 水油面的调制
技能训练2 干油酥的调制
技能训练3 酵面层酥面坯——烫酵面的调制
技能训练4 卷筒酥——暗酥制坯方法
技能训练5 叠酥——暗酥制坯方法
技能训练6 炸制水油酥皮暗酥——双麻酥饼
技能训练7 烤制酵面酥皮暗酥——蟹壳黄烧饼
技能训练8 烤制水油酥皮半暗酥——佛手酥
技能训练9 烙烘水面酥皮半暗酥——葱油火烧

4.1 面坯调制

4.1.1 层酥面坯基础知识

1. 干油酥的成团原理

油脂具有一定的黏性、吸附性和表面张力，加入面粉后，经过反复揉擦，油脂与面粉颗粒的接触面扩大，使油与面粉颗粒结合得更加紧密，从而形成面团。

因为油脂和面粉的黏结只靠油脂的微弱黏性来维持，所以存在松散、不太紧密（跟面粉与水的结合原理不一样）的特征，所以干油酥不可单独制作成品，要与水油面等结合，经过擀、卷、叠等方法起酥，起分层和增加制品酥松性的作用。

2. 干油酥面团的酥性原理

由于干油酥只用油脂与面粉调制，油脂中含有大量疏水基团，油、面的松散结合形成了酥性结构。油脂遇热流散，面团中含有的空气、水蒸气膨胀，使制品内部形成多孔结构，从而形成酥、松的口感。

3. 层酥起层的原理

既有一定韧性又有一定酥松性的水油面（蛋面、酵面、水面）为皮，具有酥松性的干油酥为心，经过擀、叠、卷等起酥方法形成层酥性结构。成熟时，油脂的流散和水分的汽化使坯皮中形成空隙，使制品分层。

1）干油酥中面粉颗粒吸收不到水，不能膨润，在加热时更容易“炭化”而变酥脆。

2）以水油面为例，面粉加水和油调制形成了部分面筋网络，整个面团质地柔软，有筋力，延伸性强，和干油酥结合在一起，形成一层水油面、一层油酥面（干油酥）。干油酥被水油面间隔，当制品生坯受热时，水分汽化，使层次中有一定空隙。同时油脂受热流散，便形成了非常清晰的层次。因为这两点，层酥制品在成熟后口感酥脆。

4. 层酥面坯分类

层酥面坯按面皮的用料，一般分为水油皮酥、蛋面皮酥、酵面皮酥和水面皮酥 4 种。

（1）水油皮酥　以水油面为皮、干油酥为心，经开酥工艺制成，是中式面点工艺中最常见的一类层酥。其特点是层次多样、可塑性强，有一定的弹性、韧性，口感松化酥香。代表品种主要是各种花色酥点。

（2）蛋面皮酥　由蛋面皮和酥心组成。蛋面皮由面粉、黄油、鸡蛋液、白糖、清水调制而成，酥心由面粉与黄油或熟猪油调制而成，也可直接用片状酥油作为酥心。多通过擘酥的起酥方法（将酥心按成正方形，蛋面皮擀成同样宽、两倍长的长方片，将酥心放于蛋面皮一端，将另一半蛋面皮覆于酥心上，封好口，采用擀、敲、压相结合的方式擀成长方形，叠四层，再次卷或叠）制成酥皮，再制成制品。此类酥心用油量差异很大，可放入冰箱冷藏以增加硬度。采用此类起酥方法的酥皮既可以制作油炸制品，也可以制作烘烤制品（烘烤也能出层次）。代表品种主要是广式面点的擘酥鸡粒角、岭南鸡蛋挞等。

（3）酵面皮酥　以发酵面或烫酵面为皮，干油酥、糖油酥或咸油酥为心，经包酥或抹酥工艺制成的层酥，在我国各地的面点小吃中比较常见。其特性是酵面皮疏松，有一定的韧性和弹性，可塑性较差，面坯有层次且具有发酵面的特性。代表品种主要有苏式面点的黄桥烧饼、蟹壳黄，京式面点的乐亭烧饼、芝麻酱糖火烧等。

（4）水面皮酥　以温水面或热水面为皮，包上干油酥或抹上稀油酥制成的层酥，在我国各地的面点小吃中比较常见。其特点是酥脆、油润、焦香。代表品种主要有苏式面点的葱油火烧等。

5. 开酥常用工具

走槌、刮刀、保鲜膜、尺子、粉筛、刷子、厨刀。

4.1.2　层酥面坯调制

层酥面坯调制工艺要领（以水油面为例）如下：

1）水油面与干油酥的比例要适当，水油面过多时，酥层不清，成品不酥；干油酥过多时，成型困难，成品易散碎。层酥面与干油酥的常见比例有 6∶4、5∶5、4∶6，具体要根据制作的面点特点决定。

2）水油面与干油酥的软硬要一致，否则易露酥或酥层不匀。

3）开酥时要保证面坯的四周厚薄均匀（叠酥时四角要开匀），开酥不宜太薄。

4）根据品种的不同要求灵活掌握开酥的方法。

5）开酥时尽量少用生粉，卷筒时要卷紧，否则酥层间不易粘连，成品易出现脱壳现象。

6）切剂时刀刃要锋利，下刀要利落，防止层次粘连。

7）下剂后，应在剂子上盖一块干净的湿布，防止表面风干结皮。

8）酵面皮酥不适宜制作明酥。

4.1.3　走槌的使用方法

走槌又称通心槌，常见的是长圆柱形的空心长原木（也有大理石、陶瓷、不锈钢、有机玻璃、硅胶等材质），中间空，供轴心（圆木棒、不锈钢棒）穿入长圆筒内，使长圆筒能够自由滚动。使用时双手分别握住轴心两端，来回推动，外圈滚筒便灵活转动，将面坯擀成薄皮。一般用于擀制大块面坯，如用来制作馄饨皮、面条、花卷、烧饼等工作量较大品种的面皮，以及大块油酥的起酥等。也有固定厚度的走槌，在制作薄饼、面皮时比较方便。材质上，原木的重量适中，安全环保、手感好；大理石、陶瓷、有机玻璃、不锈钢的较重，不发霉、易清洁；硅胶的较轻，不粘、易清洁。

还有一种走槌是滚筒短而带弧度的，用来擀烧卖皮，使用时双手分别握住轴心两端，一般左手向下向前的用力轻、右手用力重，小幅来回推动，能把面皮四周擀出褶，包出的烧卖造型比较好看。

走槌比普通擀面杖使用时更省力，面坯更易擀开，而且在擀制层酥面坯时力道更均匀、轻松。

4.2 生坯成型

4.2.1 开酥方法

1. 开酥的基本方法

开酥又称起酥，是将干油酥包入水油皮内，经擀薄、折叠形成层次的过程。起酥方法一般有两种：卷筒酥和叠酥。其他起酥方法都是在这两者的基础上变化而来的，由卷筒酥可以变化制作出圆酥、直酥、圆段侧按制作暗酥和 45 度角按制作半暗酥等制品；叠酥可以变化出排丝酥制品，也可直接用叠酥制作明酥、暗酥、半暗酥制品。

（1）卷筒酥　采用包酥的方法，将水油面按成中间厚边缘薄的圆皮，包上球形干油酥，按扁擀成长方形薄片，叠一次（一般是三层），再擀成长方形薄片，卷成筒状，沿接口的边缘刷上蛋液粘牢接缝处即成卷筒酥。也可用擘酥的起酥方法，擀成长方形薄皮后再卷成筒状，沿接口的边缘刷上蛋液粘牢接缝处即成卷筒酥。

沿圆柱的截面切成圆片，将圆片上的螺旋纹当作制品表面就是圆酥制品；将圆柱切成段，再沿圆段的直径一剖为二，将剖面上的直纹当作制品表面就是直酥制品；将圆柱用手摘成段，圆段横放案板上，从侧面将其压扁包馅成型，就是圆段侧按制作暗酥制品；将圆柱切成段，立在案板上，由上向下以 45 度角将其压扁包馅成型，就是 45 度角按制作半暗酥制品。

（2）叠酥　将水油面按成中间厚边缘薄的圆皮，包上球形干油酥，按扁擀成长方形薄片，叠一次（一般是三层），擀成长方形薄片，一般再叠一次后擀成长方形酥皮即成叠酥。也可用擘酥的起酥方法，擀成长方形薄皮，对叠或叠四层再擀成长方形酥皮即成叠酥。

根据需要将叠酥酥皮改刀成正方形酥皮或用圆套模刻出圆形酥皮包馅成型，可以制作出明酥、暗酥、半暗酥制品。如果将叠酥酥皮擀薄、改刀、叠起达到一定高度后，再改刀，并将酥坯侧面的众多规则纹路当作制品的表面，经过包馅、成型制作明酥，即成排丝酥制品。

2. 起酥的要点

1）包酥的比例要得当。不同制品要求不一样，一般情况下水油面与干油酥之比为 6∶4、5∶5 或 4∶6。

2）水油面与干油酥的硬度要一致，否则易破皮或露酥。

3）操作方法要恰当。擀、卷、叠的操作技法正确，才能使酥层厚薄均匀。

3. 层酥面团的种类

层酥面团制品品种繁多，外形美观精细，口感香酥，具有独特的风味特色，是中式面点中既可以体现基本功又可以变化样式的面团。层酥擀制的方法很多，根据制品层次外现的情况，一般分为明酥、暗酥、半明半暗酥 3 种类型。

（1）明酥　凡成品酥层外现，表面能看见众多的清晰的酥层，都是明酥。酥层的形式因起酥方法及刀切的方向不同而变化。一般酥层有螺旋状态及直线状态两种。前者叫卷筒酥或螺纹酥，后者叫排丝酥或直丝酥。明酥宜制成象形酥点，如藕酥、竹节酥等。

（2）暗酥　指在成品表面看不到层次的层酥制品。暗酥宜制成酥饼，如双麻酥饼、鸿运酥、黄桥烧饼、莲蓉蛋黄酥等。

（3）半明半暗酥　酥层大部分藏在里面，仅有一部分侧面的酥层露在外面或只能在侧面或剖面才能看到层次，较宜制作果形的花色酥点或酥排，如采用圆段 45 度角按的方法制作的苹果酥、葱油酥排等。

4.2.2　卷筒酥开暗酥

采用包酥或擘酥的方法制成卷筒酥后，将圆柱形的卷筒酥用手摘成段，在摘的过程中由于手的用力，摘口被压扁，能看见的纹路比较少。把圆段横放在案板上，摘口向两侧，从上面（也就是圆段的侧面）将其压扁成圆形或方形坯皮，包馅成型，用蛋清将口收紧、封牢。摘口纹路少，利于包馅收口时不露出纹路，酥层藏在里面，不外露酥层，形成暗酥的造型，如双麻酥饼、黄桥烧饼等。

4.2.3 叠酥开暗酥

采用包酥或擘酥的方法制成叠酥后，根据需要将叠酥酥皮改刀成正方形酥皮或用圆套模刻出圆形酥皮包馅成型，收口时一定要将酥层收紧、捏好，再用蛋清封牢，酥层藏在里面，不外露酥层，形成暗酥的造型，如鸿运酥、黄桥烧饼、莲蓉蛋黄酥等。

制作暗酥皮时，必须掌握起酥制作要点。根据制品的要求，选用合适的起酥方法；擀皮时皮不宜过薄；如果采用摘剂方法，摘口尽量少露纹路；收口时一定要将酥层收紧、捏好，再用蛋清封牢。

4.3 产品成熟

4.3.1 炸制暗酥、半暗酥成品

炸制成熟的技法见 3.3.3“炸制成熟”。

4.3.2 烤制暗酥、半暗酥成品

烤制成熟的技法见 3.3.2“烤制成熟”。

4.3.3 烙制暗酥、半暗酥成品

1. 烙的定义

烙主要是通过金属受热后的热传导使生坯成熟的方法，可分为干烙、刷油烙和加水烙 3 种。

1）干烙，指制品表面和锅面都不洒水、刷油，直接将生坯放入锅内烙制成熟的方法。

2）刷油烙，指在烙的过程中，每翻动一次生坯，就要在锅底或制品表面均匀地刷少量熟油的烙制成熟方法。

3）加水烙，指在烙制过程中向锅底淋水再加盖焖制的方法，一般用于制品较厚不易成熟的情况。

2. 烙制品的特点

1）烙制品具有皮面香脆，内里柔软，呈类似虎皮的黄褐色斑纹等特点。

2）烙制适用于水调面团、发酵面团、米粉面团、油酥面团等。

3. 烙的操作要领

1）烙锅干净无污。锅清洁与否，对成品影响很大。操作前必须把锅底、锅边的杂质、黑垢铲除，以防成品表面有黑色斑点，影响外观。另外，每烙好一个制品，就要刷一次锅，否则剩余的油或焦煳的黑斑会影响下一次制作。

2）在烙制前，烙锅需预热。只有锅底达到与制品要求相匹配的温度时，才能将生坯放入，否则制品在熟制中会严重失水，出现干硬等现象。

3）要掌握好火候，保持锅底温度适当。根据制品的尺寸确定火候的大小，避免出现焦煳现象。

4）随时移动锅位或生坯位置，及时翻动，以免烙焦或受热不匀。锅底在受热后，一般中间温度高、边缘温度低。为使制品均匀受热，大多数制品在烙制到一定程度后，就要移动位置，使制品的边缘转到锅的中心，从而避免出现中间焦煳、边缘夹生的现象。

4. 主要工具

制作烙点的主要设备和工具有炉灶、平底锅、锅铲、锅盖、量杯等。

技能训练1　水油面的调制

1. 任务描述

（1）**调制水油面**　掌握面粉、水、熟猪油的比例（一般比例为5:2:1），还要掌握水油面团的揉搓手法。

（2）**制作原理**　依靠加入面粉中的水与面筋蛋白形成的面筋网络，以及加入油脂产生的吸附性、黏性共同形成面团。

2. 操作流程

配料→调制→揉搓→摔打→静置醒面→水油面面坯。

3. 操作准备

（1）**设备及工具**　案台、电子秤、刮刀、面盆、保鲜膜。

（2）**原料**　面粉500克、熟猪油125克、清水200毫升。

4. 操作步骤

1）面粉置于案台上，用刮刀开成窝形，熟猪油置于面窝中。

2）将150毫升水放入面窝中，一手握刮刀，另一手将油、水充分按擦至混合均匀，然后由面窝内侧拨入面粉与水、油调和拌匀。

3）倒入其余水继续一手搓擦，另一手握刮刀将搓出的面料铲回原处，直至搓均匀、擦透、揉滋润。

4）一手从侧面抓起面坯，以小臂带动手将面坯摔打至案台上，另一手协助直至面坯表面滋润光滑。

5）面坯用湿布或保鲜膜封好，静置醒面。

5. 质量标准

水油面既有一部分水调面团的筋力、韧性，又有一部分油酥面团的润滑性、柔顺性和酥性（但酥性不如干油酥）。它能与干油酥配合使用，形成层次，使皮坯具有良好的造型和包捏性能，并能使成品具有完美的形态和酥松的口感。

6. 注意事项

（1）**面团的用油量** 一般为面粉量的15%~20%，使用筋力强的面粉时多加点油；使用筋力弱的面粉时少加点油。

（2）**加水量** 一般为面粉量的40%~50%。加水过多时，面团又黏又软，影响成型；加水过少时，面团过硬，延伸性差。

（3）**加水方法** 先将熟猪油与水调匀，再与面粉揉擦成面团。

（4）**水的温度** 调制延伸性较强的水油面团时，夏季适合的水温为18~20℃，春秋季为30~40℃，冬季为40~50℃。

7. 适用品种

水油面与干油酥结合，主要用于制作层酥制品，如各类花色酥点。

技能训练2 干油酥的调制

1. 任务描述

（1）**调制干油酥** 面粉、油的一般比例为2:1，还要掌握干油酥面团的揉擦成团手法。

（2）**制作原理** 见干油酥面团的成团原理。

2. 操作流程

配料→将面粉与熟猪油稍拌和→边推边擦→反复推擦→干油酥面坯。

3. 操作准备

（1）**设备及工具** 案台、电子秤、刮刀。

（2）**原料** 面粉500克、熟猪油275克。

4. 操作步骤

1）将面粉放在案台上，用刮刀开出窝形，将熟猪油放在面粉窝中。

2）将面粉与熟猪油稍拌和，然后用手掌根在案台上向前边推边擦，再用刮刀将面团铲回原处。

3）反复推擦，直至擦透为止。

4）推擦后的面团，用刮刀辅助将案台上的面铲净并滚粘揉光成团。

5. 质量标准

干油酥是面粉和油脂以2:1（夏天）的比例擦制而成的。由于不加任何辅料和水，所以干油酥松散软滑，没有韧性、弹性和延伸性，但具有一定的可塑性和黏性。干油酥虽不能单独制成面点，但与水油面一起使用，可使制品形成层次、口感酥松。

6. 注意事项

1）掌握配料比例。面粉和油脂的比例一般为2:1（夏天），一般用熟猪油、黄油、起酥油（也有用植物油的，比例会小些），根据具体情况调整，如冬天可以适当增加熟猪油用量，夏天可以减少。

2）合理选料。调制干油酥时，一定要用凉油，否则面团黏结不起酥，制品容易脱壳。调制干油酥所用的油脂，以熟猪油为好，熟猪油比植物油润滑面积更大、酥性更好，成品口感更酥一些，色泽白一些。如果熟猪油含水，调制干油酥一般用筋力较小的面粉或熟面粉，不易形成面筋质，起酥效果较好，使用前须过筛。

3）掌握干油酥的软硬度，擦匀、擦透。干油酥的软硬度应与水油面软硬度基本一致，否则一硬一软，会影响酥层。例如，水油面太软，干油酥太硬，擀制时不易擀均匀，影响层次；水油面太硬，干油酥太软，擀制时会出现破酥现象，同样影响层次与成品质量。干油酥擦透、揉顺，能增加油滑性和黏性。熟猪油常温下会凝固变硬，所以干油酥使用前要再次擦透，使其回软。

7. 适用品种

干油酥与水油面配合使用，常用来制作大众化层酥类酥点。

技能训练3　酵面层酥面坯——烫酵面的调制

1. 任务描述

（1）**调制烫酵面**　掌握面粉与酵母或酵种的比例、面粉与热水的比例；掌握兑碱时碱水的浓度及用量。

（2）**制作原理**　烫酵面是把面粉用热水拌和，拌成雪花状，待其冷却后再放入面肥（或酵母）揉制而成的面团。主要利用淀粉膨胀糊化产生的黏性和部分面筋蛋白产生的面筋网络来形成面团。因用沸水烫粉，所以面团色泽较暗。

2. 操作流程

配料→{烫面；面肥（或酵母）}→烫酵面团→静置醒发→烫酵面面坯。

3. 操作准备

（1）**设备及工具** 案台、电子秤、擀面杖、大碗、刮刀、面盆。

（2）**原料** 面粉450克、热水300毫升、面肥60克、碱水10毫升。

4. 操作步骤

1）将225克面粉放入面盆中，再将80℃左右的150毫升热水倒入盆中，用擀面杖搅拌成团。

2）将烫好的面坯放在案台上摊开晾凉至约25℃，再加入面肥揉匀揉透，盖上湿布静置醒发30分钟。

3）另取225克面粉加热水150毫升和成团，稍晾后与已发好的面团混合揉均匀至表面光滑滋润。

4）盖上湿布，静置醒发30分钟。

5）在酵面中分次兑入碱水，揉均匀，再醒10分钟即可。

5. 质量标准

烫酵面色白，质地较膨松，延展性较低。

6. 注意事项

1）面粉与酵母或酵种的比例要恰当。若用酵种，一般为面粉用量的10%~15%；若用酵母，一般为面粉用量的0.5%~1.5%，可适量加点白糖，白糖的用量一般为面粉重量的3%~5%，可提高酵母的发酵速度。

2）调制烫酵面时尽量将面粉烫透。一般加水量为面粉重量的65%~70%。热水要浇匀，边浇边拌和，使淀粉充分膨胀糊化产生黏性，大部分蛋白质变性，减少面筋的生成，使饼坯烘烤成熟后达到口感酥脆的效果。

3）兑碱要把握好碱水的浓度及用量。

4）面坯要揉匀揉透。

技能训练4 卷筒酥——暗酥制坯方法

1. 任务描述

（1）**制作卷筒酥** 掌握卷筒酥的包酥、封口、擀、叠、卷、摘剂、按皮的操作要领。

（2）**制作原理** 见层酥起层的原理。

2. 操作流程

水油面、干油酥 → 包酥 → 擀、叠、卷起层 → 卷筒酥 → 圆段侧按 → 制皮

3. 操作准备

（1）**设备及工具** 案台、电子秤、擀面杖。

（2）**原料** 水油面 300 克、干油酥 200 克。

4. 操作步骤

1）将水油面 300 克用手按成中间稍厚、边缘稍薄的圆形片。

2）将搓成球形的 200 克干油酥放在圆形片上，提起水油面边缘，将干油酥包入其中。

3）将水油面收口封牢、按紧，从中间逐渐按向边缘，把包好的面团按扁。

4）用擀面杖将面团擀开、擀薄，分别擀出面皮四角，使面皮呈长方形。

5）将长方形薄片的两边 1/3 处叠向中间（叠“一个三”），再次擀成长方形薄片。

6）从长方形面皮的长边下刀一分为二，两片分别从薄片的切口一端将面卷拢卷紧成卷筒酥。

7）将卷筒酥摘成剂子横放在案台上，从侧面将其按成圆皮或方形酥皮，即可包馅成型了。

5. 质量标准

剂子规格一致，层次紧实、均匀，无破酥、乱酥、实心现象。

6. 注意事项

1）水油面与干油酥软硬要一致，否则不好擀制，而且酥层不清晰、不整齐。

2）水油面与干油酥比例要适当。如果干油酥过多，擀制就困难，而且易破酥、漏馅，成熟时易碎；如果水油面过多，易造成酥层不清，成品不酥松，达不到成品的质量要求。

3）干油酥一定要包在水油面中间，水油面四周要薄厚均匀，口要封好。

4）擀制时双手用力要均匀，轻重适当，用力的方向向前下方，酥皮厚薄要均匀。

5）擀制时若粘案台，可略撒干粉，但尽量少用或不用，以防酥皮卷叠时不黏结，也易干裂。

6）卷筒时要尽量卷紧，否则酥层之间不易黏结。筒卷好后不能搓条，以防松散。

7）开酥后应立即制作制品，不宜放置时间太长，以防外皮起壳发硬而影响成型。

7. 适宜品种

水油皮、蛋面皮、酵面皮、水面皮层酥均可采用此开酥方法。

技能训练5　叠酥——暗酥制坯方法

1. 任务描述

（1）**制作暗酥**　掌握叠酥的包酥、封口、擀、叠、切（刻）皮的技能。

（2）**制作原理**　见层酥起层的原理。

2. 操作流程

水油面、干油酥 → 包酥 → 擀、叠起层 → 叠酥 → 切（刻）皮。

3. 操作准备

（1）**设备及工具**　案台、电子秤、擀面杖、厨刀。

（2）**原料**　水油面300克、干油酥200克。

4. 操作步骤

1）将水油面用手按成中间稍厚、边缘稍薄的圆形片。

2）将搓成球形的干油酥放在圆形片上，提起水油面边缘，将干油酥包入其中。

3）将水油面收口封牢、按紧，从中间逐渐按向边缘，把包好的面团按扁。

4）用擀面杖将面团擀开、擀薄，分别擀出面皮四角，使面皮呈长方形。

5）将长方形薄片的两边1/3处叠向中间（叠"一个三"），擀成长方形薄片，再叠"一个三"，擀成长方形酥皮。

6）用刀将长方形酥皮切成若干个小正方形酥皮，或用圆套模刻出若干个圆酥皮，即可包馅成型了。

5. 质量标准

正方形或圆形酥皮规格一致，层次紧实、均匀，无破酥、乱酥、实心现象。

6. 注意事项

1）水油面与干油酥软硬要一致，否则不好擀制，而且酥层不清晰、不整齐。

2）水油面与干油酥比例要适当。如果干油酥过多，擀制就困难，而且易破酥、漏馅，成熟时易碎；如果水油面过多，易造成酥层不清，成品不酥松，达不到成品的质量要求。

3）干油酥一定要包在水油面中间，水油面四周要薄厚均匀，口要封好。

4）擀制时双手用力要均匀，轻重适当，用力的方向向前下方，酥皮厚薄要均匀。

5）擀制时若粘案板，可略撒干粉，但尽量少用或不用，以防酥皮叠时不黏结，也易干裂。

6）叠酥擀制时要尽量厚薄均匀。

7）起酥后应立即制作制品，不宜放置时间太长，以防外皮起壳发硬而影响成型。

7. 适宜品种

水油皮、蛋面皮、酵面皮、水面皮层酥均可用此开酥方法。

技能训练6 炸制水油酥皮暗酥——双麻酥饼

1. 任务描述

（1）**制作双麻酥饼** 学会水油面、干油酥的调制方法；掌握双麻酥饼的起酥、分坯技法；学会双麻酥饼的包馅成型方法；掌握炸制的油温、升温速度、操作方法及炸制时间等技能。

（2）**制作原理** 见水油面、干油酥的成团原理，以及层酥起层和炸制成熟的原理。

2. 操作流程

水油面、干油酥 → 叠酥 → 分坯；分坯、豆沙馅 → 包馅成型 → 正反面刷蛋液 → 粘芝麻 → 炸制 → 成品。

3. 操作准备

（1）**设备及工具** 案台、擀面杖、厨刀、量杯、电子秤、炸锅、手勺、漏勺、油钵。

（2）**原料**

1）坯料。水油皮原料：面粉250克、熟猪油50克、温水120毫升。

干油酥原料：面粉200克、熟猪油110克。

2）馅料：豆沙馅350克。

3）装饰：黑芝麻、白芝麻各75克。

4）辅料：鸡蛋1只（取蛋清），色拉油2升。

4. 操作步骤

1）干油酥原料拌匀，擦成干油酥；水油皮原料拌匀，揉成水油面，包上保鲜膜醒15分钟。

2）将水油面按成中间厚四周薄的圆皮，包入球形干油酥，收口朝上，撒少许干粉按扁，用擀面杖擀成长方形薄皮，然后将长方形薄皮由两边向中心叠成3层的小长方形，再擀成大长方形，叠“一个三”后擀成长方形酥皮。

3）用刀将长方形酥皮切成约20克重的35只小正方形剂子。

4）将每只剂子边缘按薄，包入馅心，然后将收口抹上蛋清捏紧，收口朝下按成圆饼状，在正反面抹上蛋清，分别粘上黑芝麻、白芝麻成生坯。

5）将生坯放入漏勺中（收口面朝下），放入120℃的油锅中炸制，小火逐渐升温，并多次翻面炸至呈白色或微黄色成熟即可。

6）将双麻酥饼成品放入垫有面巾纸的盘中吸干油即可上桌。

5. 质量标准

体积膨大美观，入口酥香，滋味甜美，是淮扬点心中具有代表性的名点。

6. 注意事项

1）掌握好水油面和干油酥的比例，面团软硬度得当。

2）擀制面皮时厚薄要均匀，酥皮切剂时大小要一致。

3）粘匀芝麻后，要稍微按一下，以免芝麻脱落。

4）油锅要提前预热至合适温度。

技能训练 7　烤制酵面酥皮暗酥——蟹壳黄烧饼

1. 任务描述

（1）**制作蟹壳黄烧饼**　学会烫酵面、干油酥的调制方法；掌握蟹壳黄烧饼的起酥、分坯技法；学会蟹壳黄烧饼的包馅成型方法；掌握烤箱的预热、生坯摆放、烘烤火候等技能。

（2）**制作原理** 见烫酵面调制成团原理、干油酥成团原理，以及层酥起层、生物膨松、化学膨松和烤制成熟的原理。

2. 操作流程

烫酵面、干油酥 → 开酥 → 分坯、馅心 → 包馅成型 → 刷糖水、粘白芝麻 → 烤制 → 成品。

3. 操作准备

（1）**设备及工具** 案台、擀面杖、电子秤、量杯、馅挑、厨刀、小碗、软刷、保鲜膜。

（2）**原料**

1）坯料。烫酵面原料：面粉 250 克、熟猪油 25 克、热水 150 毫升、干酵母 4 克、泡打粉 4 克、白砂糖 5 克。干油酥原料：面粉 200 克、熟猪油 110 克。

2）馅料：鲜猪板油 100 克、肉松 120 克、香葱 100 克、盐 5 克、味精 1 克。

3）装饰：去皮白芝麻 100 克、饴糖 30 毫升、热水 100 毫升。

4. 操作步骤

1）猪板油去膜，用盐腌制两天，切成米粒大小的丁；香葱切成末，再加入肉松、盐、味精拌匀成肉松葱油馅。

2）干油酥原料拌匀制成干油酥。取 250 克面粉放在案台上，先用热水烫成雪花状面团，散尽热气，加入干酵母、泡打粉、白砂糖、熟猪油揉和成光滑的面团即成烫酵面，包上保鲜膜，醒发 25 分钟。

3）开酥：包酥后擀成长方形片，叠“一个三”后再次擀开成片，顺长卷成筒状，卷条摘剂 28 只，25 克 / 只。

4）将剂子逐个侧压成中间稍厚、边缘较薄的酥皮，包入肉松葱油馅 10 克，收口后按成扁圆形生坯。

5）将饴糖放入碗内，加入热水调和成饴糖水。用软刷在饼面上刷一层糖水，将饼覆于白芝麻盘中，粘满芝麻即成蟹壳黄烧饼生坯。

6）将生坯放在刷过油的烤盘上，放入烤箱以底火、面火均以 190℃烤 20 分钟至表面金黄即可装盘。

5. 质量标准

规格整齐、大小一致，不破皮、不露馅；表面粘满芝麻，呈圆形烧饼状。

6. 注意事项

1）酵面要烫匀，揉至表面光滑不粘手为宜。

2）一般烫酵面与干油酥的比例约为 4:3。

3）面皮包馅后擀成型时，用力要适当，若用力过大，易使馅心挤破面皮。

4）饴糖水要刷均匀，否则芝麻粘得不均匀且易脱落。

7. 适宜品种

此方法适宜制作各种烧饼。

技能训练 8 烤制水油酥皮半暗酥——佛手酥

1. 任务描述

（1）**制作佛手酥** 学会水面皮、干油酥的调制方法；掌握佛手酥的起酥、分坯技法；学会佛手酥的包馅成型方法；掌握烤箱的预热、生坯摆放、烘烤火候等技能。

（2）**制作原理** 干油酥、水油面的成团原理，以及层酥起层和烤制成熟的原理。

2. 操作流程

水油面、干油酥 → 包酥 → 擀、叠、卷起层 → 卷筒酥 → 分坯、馅心 → 包馅 → 成型 → 烤制 → 成品。

3. 操作准备

（1）**设备及工具** 案台、擀面杖、量杯、电子秤、烤盘、烤箱、防护手套、保鲜膜。

（2）**原料**

1）坯料。水油皮原料：面粉 200 克、熟猪油 40 克、微温水 100 毫升、绵白糖 40 克。干油酥原料：面粉 200 克、熟猪油 100 克（夏天）。

2）馅料：豆沙馅 360 克。

3）装饰：鸡蛋 1 只（取蛋黄部分）。

4. 操作步骤

1）干油酥原料拌匀擦成干油酥。水油皮原料拌匀揉成水油面，包上保鲜膜醒 15 分钟。

2）将水油面按成中间厚四周薄的圆皮，包入球形干油酥，收口朝上，撒少许干粉按扁，用擀面杖擀成长方形薄皮，由两边向中心叠“一个三”，再擀成大长方形薄皮。

3）将一头切齐，由此顺长从外向里卷起，卷成筒状，摘剂 24 只，约 25 克 / 只。

4）将剂子逐个侧压成中间稍厚、边缘较薄的酥皮，包入球形豆沙馅15克，用手向上收拢包好，封口边抹上蛋清封好，接口朝下。

5）将圆形生坯搓成椭圆形，在有馅的2/3处按扁，呈铲刀状，用快刀在此切出10根条（坯子小的话可少一些），即成10根“手指”。中间8根“手指”边缘不切断，“拇指”、“小指”与中间8根“指头”之间完全切断，然后，在中间8根“指头”的反面涂上蛋清，向反面弯曲，贴在反面的手掌处粘牢，手掌弓起（窝起），“拇指”和“小指”落地撑起，在中腰处用手稍捏细即成生坯。

6）将生坯一一放入烤盘内，刷上蛋黄液放入预热好的烤箱。

7）烤箱以上下火180℃，烤15分钟左右至刷了蛋黄液的部分呈金黄色即成。

5. 质量标准

状如佛手，“手指”粗细均匀，立体感强，色泽金黄，味甜香酥。

6. 注意事项

1）掌握好水油面和干油酥的比例，面团软硬度得当。

2）切好“手指”后，将要弯曲的“手指”涂上蛋液，以使其粘牢不掉。

3）要将生坯稍微窝起，并在中腰处用手捏紧，这样形态更为立体。

4）烤箱要提前预热至预设温度。

技能训练9 烙烘水面酥皮半暗酥——葱油火烧

1. 任务描述

（1）**制作葱油火烧** 学会水面皮、干油酥、稀油酥的调制方法；掌握葱油火烧的起酥、分坯技法；学会葱油火烧的包馅成型方法；掌握烙锅的预热、生坯摆放、两面翻动及烘烤火候等技能。

（2）**制作原理** 水面皮、干油酥的成团原理，以及层酥起层、烙制和烘烤成熟的原理。

2. 操作流程

水面皮、干油酥 → 起酥 → 分坯 → 摔掼成长条 → 包稀油酥、包馅 → 卷、按成型 → 烙制 → 烤制 → 成品。

3. 操作准备

（1）**设备及工具** 案台、擀面杖、量杯、电子秤、保鲜膜、烙锅、锅铲、面盆、油刷。

（2）原料

1）坯料。水面皮原料：面粉 800 克、沸水 400 毫升、冷水 100 毫升。干油酥原料：面粉 100 克、色拉油 50 毫升。稀油酥原料：面粉 100 克、色拉油 100 毫升、盐 5 克。

2）馅料：葱末 250 克、猪板油丁 150 克、盐 6 克、味精 2 克。

3）辅料：色拉油 100 毫升。

4. 操作步骤

1）将猪板油丁与葱末、盐、味精拌匀。

2）干油酥原料拌匀擦成干油酥。稀油酥原料拌匀和成稀油酥。

3）面粉 800 克放入面盆内，加入沸水 400 毫升，烫成雪花面，再加入冷水 100 毫升，揉成软面团，反复揉搓上劲，盖上保鲜膜醒 15 分钟。

4）案台抹上色拉油，取一半面团用手掌按成长方形，取一半干油酥均匀地涂在上面，卷成长条，摘成 10 只面剂，逐只按扁按平后，右手提起面皮的一端，将面皮摔掼成长条（长 30 厘米，宽 6 厘米），整齐地排列在案台上。然后取一半稀油酥，均匀地抹在 10 张面皮上，再将一半馅心均匀地涂在上端，从上端将面皮提起包住馅心，卷成圆筒状再竖起来，按成圆饼形状即成葱油火烧生坯。采用同样方法做完另外一半。

5）将圆形带把手的烙锅放在炉上烘热，刷上色拉油。

6）将葱油火烧生坯放在上面烙，边烙边将圆饼面积按大（至约 12 厘米直径），转移圆饼位置。

7）待饼底出现黄色斑时，用锅铲翻面，并刷一遍色拉油。

8）当另一面也出现黄色斑时，即可将火烧摆放在烙锅下面炉内（专门放饼坯的部位），刷上色拉油，利用炉内的高温把火烧烘烤成熟，约 2 分钟，当炉内火烧面呈金黄色并鼓起时，再刷一遍色拉油。

9）熟透时即可出炉。

5. 质量标准

两面色泽金黄，层次分明，外酥脆内酥软，葱香油润；无夹生、硬心、粘牙现象。

6. 注意事项

1）水面皮要调得柔软，面团要揉匀揉透。

2）干油酥、稀油酥要抹匀。

3）烙制过程中要刷油并注意翻面，受热要均匀。

4）火候要恰当。如果烙锅过凉，会渗油严重、成品干硬；如果烙锅太热，成品容易外焦里不熟。

5）烙好的饼坯放入炉内要烤透，火烧的香味才足，口感才酥脆。

复习思考题

1. 简述层酥面团酥松的原理。
2. 简述层酥面坯工艺要领。
3. 简述水油面的调制关键。
4. 简述调制烫酵面的注意事项。

项目 5

米制品制作

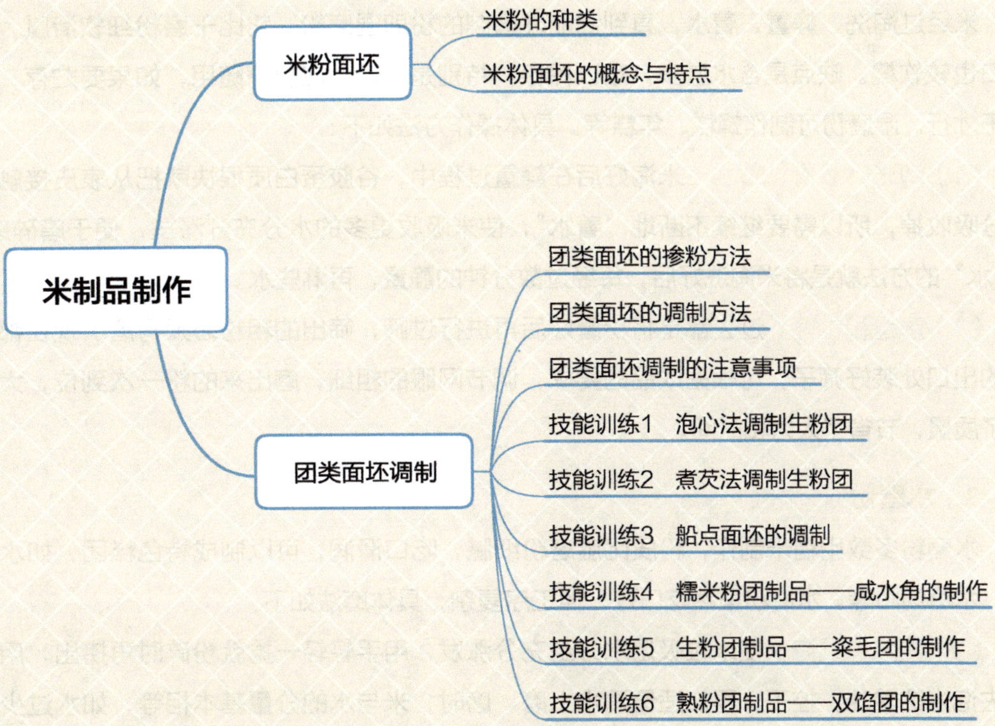
米制品制作
米粉面坯
米粉的种类
米粉面坯的概念与特点
团类面坯调制
团类面坯的掺粉方法
团类面坯的调制方法
团类面坯调制的注意事项
技能训练1　泡心法调制生粉团
技能训练2　煮芡法调制生粉团
技能训练3　船点面坯的调制
技能训练4　糯米粉团制品——咸水角的制作
技能训练5　生粉团制品——粢毛团的制作
技能训练6　熟粉团制品——双馅团的制作

5.1 米粉面坯

5.1.1 米粉的种类

米粉面团是以米粉为主料调制而成的面团，也有些是将大米浸泡、蒸熟，然后捣烂成团制作的。

大米按种类一般分为糯米、粳米、籼米 3 个大类，米粉也分为糯米粉、粳米粉、籼米粉。米粉按加工方法又可分为干磨粉、湿磨粉、水磨粉 3 种，用于制作不同的点心。一般来说，饮食业多用湿磨粉和水磨粉制作精细点心。

1. 干磨粉

米不加水直接磨成的细粉即干磨粉。优点是含水量少，贮存方便，不易变质，用途很广，一般松质糕多用干磨粉制作，调制时掺水较多；缺点是粉质较粗，色泽较暗，滑爽性差。

2. 湿磨粉

米经过淘洗、静置、着水，直到泡涨才磨制的粉即湿磨粉，它比干磨粉细软滑腻，成品吃口也较软糯。缺点是含水量多，难以保存，特别是热天，应随磨随用，如果要贮存，必须晒干才行。湿磨粉可制作蜂糕、年糕等。具体操作方法如下：

（1）淘米、静置、着水　米淘好后在静置过程中，谷胶蛋白质很快就把从表皮接触到的水分吸收掉，所以需要继续不断地“着水”，使米吸收更多的水分充分涨发，便于磨碎磨细。“着水”的方法就是将米淘洗好后，每经过数分钟的静置，再淋些水。

（2）磨粉和过筛　过去都是将粉磨好后再进行过筛，筛出的粗粉必须再磨。现在都是在磨的出口处装好筛子，可根据成品的要求，调节网眼的粗细，磨出来的粉一次到位，大大提高了质量，节省了人力和时间。

3. 水磨粉

水磨粉多数用糯米制作，粉质比湿磨粉细腻，吃口滑润，可以制成特色糕团，如水磨年糕、水磨汤圆等。水磨粉虽然吃口好，但工序复杂，具体磨法如下：

（1）淘米、浸泡　使米粒吸足水分至充分涨发，用手轻轻一捻就粉碎时再捞出，用清水冲去泡米的酸味，控干，再加适量清水上磨。磨时，米与水的分量基本相等，如水过少会影响粉浆流动；水过多则粉浆稀薄，粉质不细。水磨粉磨得越细越好。

（2）压粉（或挤粉）　将已磨好的盛在袋内的粉浆压去水分，一般用石头压挤。也有吊干的，使其自行滤去水分，即“吊浆法”。压挤到 500 克粉中含水 150 克左右，即已压好。要注意粉袋出粉后，必须立刻洗净、晒干，防止糊住布眼，无法继续使用。

现在工业化生产水磨糯米粉更简单高效。

5.1.2 米粉面坯的概念与特点

1. 米粉面坯的概念

米粉面坯一般特指用米粉与水混合制成的面坯，按原料分为籼米粉面坯、粳米粉面坯、糯米粉面坯和混合米粉面坯；按面坯的性质分为糕类面坯、团类面坯和米浆类面坯。

2. 米粉面坯的特点

（1）糕类面坯　根据工艺又分为松质糕和黏质糕。松质糕具有多孔、弹性小、韧性差、可塑性差、口感松软、成品大多有甜味的特性，如四色方糕、白米糕。而黏质糕具有黏、韧、软、糯、成品多为甜味的特性。

（2）团类面坯　具有一定的韧性和可塑性，可包多卤的馅，吃口润滑、黏糯，如家乡咸水角、汤圆。

（3）米浆类面坯　体积稍大，有细小的蜂窝，口感黏软适口，如白糖伦教糕。

5.2 团类面坯调制

5.2.1 团类面坯的掺粉方法

为了提高团类制品的质量，扩大粉料的用途，便于制作，使制品软硬适中，需要将不同种类的米粉或将米粉与面粉掺和在一起，使其在软、硬、黏、糯等性质上达到制品的质量要求。糯米的黏性大，硬度低，成品口味黏糯，成熟后容易坍塌；籼米黏性小，硬度大，制成品吃口硬实；粳米粉黏性小、可塑性好、吃口硬实。通常掺粉方法有如下几种：

1. 糯米粉与粳米粉掺和

制作糕团常常使用“镶粉”，就是利用糯米粉黏糯特性好和粳米粉可塑性好的优势，相互取长补短。根据制品质量的要求，将糯米（占 40%~80%）与粳米（占 20%~60%）按一定比例混合，称为“镶粉”，然后加水调制而成。这种掺粉方法可根据制品的工艺要求配成“五五镶粉”“六四镶粉”或“七三镶粉”。使用镶粉制成的成品软糯、润滑，可制作汤团、凉团、黏糕、松糕等品种。

2. 米粉与杂粮类原料掺和

米粉可与澄粉、豆粉、红薯粉、小米粉等掺和，也可与土豆泥、胡萝卜泥、豌豆泥、山药泥、芋头泥等混合制成面坯，成品具有杂粮的天然色泽和香味，且口感软糯适口。

5.2.2 团类面坯的调制方法

团类面坯的调制根据工艺特点分为生粉团面坯和熟粉团面坯两种。

1. 生粉团面坯的调制方法

生粉团面坯的制法是：先成型后成熟。特点是可包多卤的馅心，皮薄、馅多、黏糯、吃口润滑。生粉团面坯调制的方法有泡心法和煮芡法两种。

（1）泡心法　指用沸水将部分米粉烫熟成熟粉心子，使淀粉糊化而产生黏性，再加冷水与其余米粉揉和成团的和面方法。由于米粉不含面筋蛋白质，缺少韧性，故必须以沸水冲粉，利用沸水将部分米粉烫熟起黏性才好成团。

泡心法的做法是：将糯米粉和粳米粉按比例掺好，倒入盆中，中间开成窝，冲入适量沸水，将中间的米粉烫熟，俗称熟粉心子，再用冷水将四周的干粉与熟粉心子一起揉和，手蘸冷水反复揉到软滑不粘手即成。

（2）煮芡法　指先将部分米粉和成团，下沸水锅煮熟，再与其余米粉搓擦成团的和面方法。煮芡法常常用于湿磨粉的调制，因湿磨粉含水量较多，不宜再加入大量水分调制。

煮芡法的做法是：先将 1/3 的湿磨粉掺入凉水揉和，调制成粉团，搓成条状或按成饼状，投入到沸水中煮成“熟芡”，再将熟芡与余下的 2/3 粉料搓擦揉和成细洁、光滑、不粘手的面坯。

2. 熟粉团面坯的调制方法

熟粉团面坯的制法是：先成熟后成型。成品具有黏、韧、软、糯的特点。熟粉团面坯大都为甜味。

具体方法是：将糯米粉、粳米粉按成品要求掺和成粉料，加入冷水拌匀，过筛成糕粉，蒸熟，倒出揉和（或在搅拌机内搅均匀）成团块面坯。熟粉团面坯可制成多种团类制品。

5.2.3 团类面坯调制的注意事项

1. 泡心法调制的注意事项

1）沸水冲入在前，冷水掺入在后，不可颠倒。

2）沸水的掺入量要准确。如果沸水过多，皮坯粘手，难以成型；如果沸水过少，成品易裂口，影响质量。

2. 煮芡法调制的注意事项

1）根据气候、粉质掌握准确的用芡量。如果天气热、粉质湿，用芡量要少；如果天气冷、粉质干，用芡量要多。如果用芡量过少，成品易裂口；如果用芡量过多，易粘手，影响工艺操作。

2）煮芡一般应沸水下锅，轻轻搅动，使之漂浮于水面3~5分钟，否则易沉底粘锅。

3. 熟粉团调制的注意事项

1）米粉的加水量要准确。加水太多，熟粉团太软、太黏，不易成型；加水太少，熟粉团太硬，揉不光滑，影响制品形态和口感。

2）蒸熟的糕粉要趁热揉匀揉透。

技能训练1　泡心法调制生粉团

1. 操作准备

（1）**设备及工具**　案台、炒锅、电子秤、量杯、手勺、擀面杖、面盆、保鲜膜。

（2）**配方**　糯米粉300克、粳米粉100克、沸水250毫升、冷水25毫升。

2. 操作步骤

（1）**烧开水**　将炒锅洗干净，放入清水烧开。

（2）**下粉**　将糯米粉和粳米粉掺和在盆中，拌匀。

（3）**调制**　在米粉中间开成窝，冲入沸水，用擀面杖搅拌，将中间的米粉烫成熟粉心，再倒入15毫升冷水，用手将四周的干粉与熟粉心一起揉和。

（4）**成团**　手蘸剩余的10毫升冷水，将面反复揉到软滑不黏手，包上保鲜膜即成。

3. 质量标准

粉团软硬适中，不裂口、不粘手。

4. 注意事项

见5.2.3节内容。

技能训练2　煮芡法调制生粉团

1. 操作准备

（1）**设备及工具**　案台、量杯、炒锅、电子秤、手勺、擀面杖、面盆、保鲜膜。

（2）**配方**　糯米粉500克、清水100毫升。

2. 操作步骤

（1）**备芡**　取糯米粉150克用清水和成团，用手按扁。

（2）**煮芡**　将炒锅洗干净，放入清水烧开。将圆饼状面坯投入沸水中煮熟成半透明状，即为熟芡。

（3）**搓擦成坯**　其余350克米粉置于案台上，将熟芡与米粉揉和搓擦成细洁、光滑、不粘手的米粉面坯，包上保鲜膜。

3. 质量标准

米粉面坯细洁、光滑、不粘手。

4. 注意事项

见5.2.3节内容。

技能训练3　船点面坯的调制

1. 操作准备

（1）**设备及工具**　案台、量杯、炒锅、电子秤、手勺、擀面杖、面盆、保鲜膜。

（2）**配方**　水磨粳米粉250克、水磨糯米粉250克、沸水350毫升。

2. 操作步骤

（1）**调制**　将糯米粉、粳米粉放入面盆内拌和，倒入沸水350毫升，烫拌均匀成米粉团。

（2）**成团**　取1/3上屉蒸熟（制熟芡），再与余下米粉团揉擦均匀成面坯，包上保鲜膜。

3. 质量标准

米粉面坯细洁、光滑、不粘手。

4. 注意事项

1）熟芡要适量，少了不上劲，多了又太黏。

2）粉团随擦随做，及时上笼蒸熟，防止脱芡。

技能训练4　糯米粉团制品——咸水角的制作

1. 操作准备

（1）**设备及工具**　炒锅、案台、量杯、厨刀、电子秤、面盆、手勺、馅挑、漏勺。

（2）**配方**

1）面团配方：糯米粉350克、清水250毫升、澄粉100克、沸水150毫升、白砂糖100克、熟猪油100克、枧水10毫升。

2）馅心配方：半肥瘦肉300克、海米50

克、叉烧肉 50 克、湿冬菇（泡发冬菇）50 克、冬笋 50 克、韭菜 25 克。

3）调味原料：熟猪油 50 毫升、盐 10 克、白砂糖 15 克、老抽 10 毫升、香油 5.5 毫升、胡椒粉 1 克、生抽 10 毫升、绍酒 10 毫升、湿淀粉 30 克、五香粉 5 克，干淀粉少许。

4）辅料：花生油 2500 毫升。

2. 操作步骤

（1）**和面** 将糯米粉加入清水，和成糯米面坯。

（2）**烫面** 将澄粉倒入盆中加入沸水搅匀，趁热和成烫面坯。

（3）**和面** 将砂糖、熟猪油趁热加入烫面坯中和匀搓化，加入糯米面坯、枧水和匀搓透，成为咸水角面。

（4）**炒制馅心** 韭菜、湿冬菇、叉烧肉切粒待用。半肥瘦肉切成细粒加盐、干淀粉稍抓拌。海米用热水泡软，洗净滤去水分，切碎。炒锅上火烧热，放入植物油，将肉粒过油后捞出，再下入海米炒香后出锅。炒锅加 50 毫升熟猪油，将肉粒、海米、冬笋粒、湿冬菇粒、叉烧肉粒下入锅中大火炒香，下绍酒，再加入盐、糖、老抽、香油、胡椒粉、生抽和少许清水炒匀，用湿淀粉勾芡后出锅，放入平盘中。待稍冷后加入碎韭菜粒、五香粉拌匀即成咸水角馅。

（5）**生坯成型** 另取面粉作为干粉，将咸水角面坯搓成长条，下剂子 10 个。将剂子压扁成圆皮，用馅挑拨入 15 克馅心，对齐双边并捏紧成半圆角形，成为咸水角生坯。

（6）**成熟** 将炒锅上火，倒入花生油，烧至 150℃左右关火。将咸水角生坯沿锅边下入油锅内，用手勺轻轻推动油面使其流动，保证生坯不沉底。当生坯浮起后，开大火用手勺搅动炸制成金黄色捞出控油即可。

3. 质量标准

面坯柔软、光滑、不松、不散；馅心咸鲜微甜，呈颗粒状，抱团不散；成品外观呈橄榄形，色泽金黄，珍珠皮（表面有凸起的隐约的均匀小气泡）、外脆里嫩；皮脆里嫩，造型美观。

4. 注意事项

1）砂糖必须完全溶化，否则面坯中有砂糖粒，炸后有黑点。

2）加水量要合适，否则糯米面坯过硬或过软，都不易操作。

3）炒馅时加清水不能太多，否则馅心太稀，不易包捏。

4）用湿生粉勾芡后要炒匀炒熟，否则馅心容易生水。

5）形状呈橄榄形，不要太圆或太长。

6）熟猪油和澄粉的比例要控制好。

7）收口要严，不要有裂口。

8）咸水角炸制时，如果油温低，会使生坯粘在一起；如果油温过高，会使生坯表面硬而不脆。

技能训练 5　生粉团制品——粢毛团的制作

1. 操作准备

（1）**设备及工具**　案台、量杯、电子秤、手勺、面盆、保鲜膜、蒸笼。

（2）**配方**　细糯米粉 225 克、细粳米粉 150 克、沸水 230 毫升、冷水 10 毫升、鲜肉馅 200 克、糯米 125 克。

2. 操作步骤

（1）**下粉**　将细糯米粉、细粳米粉混合在一起，放入盆中。

（2）**调制生粉团**　将沸水倒入混合粉中调制，再加入冷水，揉成生粉团，包上保鲜膜防干。

（3）**生坯成型**　将生粉团搓条、下剂、捏窝、包馅、封口成球形粢毛团生坯。

（4）**滚粘糯米**　将糯米淘净，用清水浸泡 6 小时，捞出沥干水分，用开水烫两遍，将粢毛团生坯粘上糯米。

（5）**生坯成熟**　将蒸笼刷油，或垫上油纸。粢毛团生坯均匀放入蒸笼中，不要排得过紧。当蒸锅内蒸汽充足时，将蒸笼放进蒸锅内蒸 10 分钟左右即可出笼。

3. 质量标准

大小一致，表面糯米滚粘均匀，米粒透明，软糯适口，造型美观。

4. 注意事项

1）粉团揉至表面光滑不粘手为宜。

2）生坯要大小一致，外形才美观。

3）必须等蒸汽充足时方可将生坯放入。

4）糯米一定要泡透，否则会夹生。

技能训练6 熟粉团制品——双馅团的制作

1. 操作准备

（1）**设备及工具** 案台、量杯、电子秤、筛子、面盆、保鲜膜、蒸笼、馅挑。

（2）**配方** 水磨糯米粉180克、水磨粳米粉120克、清水150毫升、硬豆沙馅135克、黑芝麻馅135克。

2. 操作步骤

（1）**筛粉** 将糯米粉、粳米粉分别过筛，倒入盆中混合。

（2）**调制糕粉** 加入清水，拌和成湿米粉，过筛成糕粉。

（3）**蒸制糕粉** 将糕粉平铺在垫有纱布的蒸笼里，用旺火蒸熟。

（4）**揉揿成团** 将蒸熟的粉坯倒在案台上，稍晾后，揉透揉光滑，盖上保鲜膜，防止风干结皮。

（5）**成型** 将团坯分成50克左右的剂子，按扁，包入豆沙馅15克，捏拢口呈球状，再按扁，包入熟芝麻馅15克，收口向下放置，压成扁圆形即成。

3. 质量标准

成品吃口软糯，一团双味，香甜可口。

4. 注意事项

1）蒸过的粉团要趁热揉匀揉透，揉至表面光滑不粘手为宜。

2）揉制的过程中要抹油，以防粘案板。

3）第一次包馅面皮要有一定的厚度，以确保第二次包馅时坯皮不破。

复习思考题

1. 根据加工方法的不同，米粉可以分成哪 3 种？哪种方法加工出来的米粉质量最好？
2. 米粉面团的种类和特点分别是什么？
3. 米粉面坯制作工艺的注意事项有哪些？
4. 选择一个你最喜欢的米粉面团制品，描述其制作方法和特点。

项目 6

杂粮品种制作

- 杂粮品种制作
  - 杂粮粉面坯
    - 莜麦面坯
    - 青稞面坯
    - 荞麦面坯
  - 蔬果面坯
    - 蔬果面坯分类
    - 蔬果面坯基本工艺
    - 蔬果面坯调制工艺的注意事项
    - 蔬果面食的加工现状
    - 技能训练1　腊味萝卜糕的制作
    - 技能训练2　莜麦栲栳的制作
    - 技能训练3　莜麦可可饼干的制作
    - 技能训练4　糌粑糕的制作
    - 技能训练5　玛馓的制作
    - 技能训练6　青稞薄饼的制作
    - 技能训练7　荞麦鱼鱼的制作
    - 技能训练8　荞麦曲奇的制作
    - 技能训练9　荞麦饸饹的制作
    - 技能训练10　芸豆卷的制作

6.1 杂粮粉面坯

杂粮粉面坯是将小米、玉米、高粱、莜麦、荞麦等磨成粉，加水调制或加入面粉掺和调制而成的面坯。这类面坯种类很多，可做成各种小吃。

6.1.1 莜麦面坯

1. 莜麦的种类与特点

莜麦是禾本科燕麦属的一个亚种，是一年生草本作物，籽粒带硬壳的为燕麦，不带硬壳的为莜麦，也称裸燕麦，我国华北地区称为莜麦、油麦，西北地区称为玉麦，东北地区则称为铃铛麦。莜麦在我国种植历史悠久，遍及各山区、高原和北部高寒冷凉地带，主要分布在内蒙古阴山南北，河北的坝上、燕山地区，山西的太行、吕梁山区及西南大小凉山高山地带，山西、内蒙古一带食用较多。

（1）莜麦的种类　莜麦一般分为带稃型和裸粒型两大类，其他国家栽培的以带稃型的莜麦为主，绝大多数用于饲养家畜家禽。我国栽培的以裸粒型的莜麦为主，绝大多数用于食用。莜麦按播种季节分有夏莜麦和秋莜麦两种。夏莜麦色淡白，小满播种，生长期 130 天左右；秋莜麦色淡黄，夏至播种，生长期 160 天左右。两种莜麦的籽粒都无硬壳保护，质软皮薄。莜麦籽粒与燕麦相似，区别在于燕麦成熟时内外稃紧抱籽粒，不易分离，而莜麦成熟时籽粒与外稃自行分离，即燕麦和莜麦是一个脱皮，一个不脱皮。燕麦不易脱皮，所以称为皮燕麦，而莜麦能自行脱皮，所以称为裸燕麦。

（2）莜麦面坯的特点　莜麦面与沸水调制的面坯称为莜麦面坯，除了可单独制作面食外，还可与面粉等其他粮食作物混合制作糕点。莜麦在禾谷类作物中蛋白质含量最高，但是面筋蛋白质含量少，所以面坯几乎无弹性、韧性和延展性；莜麦淀粉分子比大米和面粉的淀粉分子小，虽然易消化吸收，但莜麦面黏度低，可塑性差，不易成型，成型中容易断裂，所以莜麦面坯的成型方法较为单一，大多采用手工搓或机器轧的成型方法。

2. 莜麦面食的加工现状

莜麦生长期短，可在积温少的环境下生长，并具有一定抗旱、耐寒、耐贫瘠的特点。因此，莜麦在高寒地区的粮食生产中占有重要地位。莜麦磨成粉可加工成许多独具风味的食品，食法多样，可蒸、炒、烩、烙等，大多做成栲栳、窝窝、鱼鱼、烙饼、囤囤、猫耳朵等面食，且一年四季吃法不同。初春大多将腌酸菜切碎同猪肉、粉条、山药、豆腐等烩成臊子，再放入莜麦鱼鱼、窝窝、栲栳与油辣椒一起拌着吃；夏季将莜面鱼鱼、窝窝、栲栳与黄瓜片、水萝卜丝、韭菜末、蒜末、香菜段一起冷调吃；秋季冷调、热调莜麦面都可以；而冬季讲究将莜面鱼鱼、窝窝、栲栳蘸着土豆羊肉汤配着油炸辣椒末吃。

传统的莜麦面食制作必须经过“三熟”，即加工时要炒熟、和面时要烫熟、制坯后要蒸熟，否则不易消化。

（1）炒熟　由于莜麦的籽粒无硬壳保护，质软皮薄，难以像脱皮的小麦、稻米粮食作物一样直接磨制成粉，加工成粉前必须先炒熟。即先将莜麦用清水淘洗干净，晾干水分，再下锅煸炒，待冒出热气后，再炒两分熟出锅，此时才可上磨加工成粉。

（2）烫熟　由于莜麦面筋含量极少，面坯几乎无弹性、韧性和延展性，且黏度低，成型差，易碎，所以在和面时，必须将面坯烫熟。即将莜面置于面盆内，一边加沸水一边用擀面杖搅拌。刚烫熟的莜麦面坯温度较高，手上要蘸点凉开水将面揉透搋匀，才可根据需要成型。烫熟的莜麦面坯，表面极易风干结皮，影响进一步成型和成品的口感，所以晾凉后要用保鲜膜封起来，以保证面坯柔软。

（3）蒸熟　将成型的莜麦面半成品置于蒸笼中，必须完全蒸熟方可食用。判断面坯是否蒸熟一般以能够闻到莜面香味为依据。

莜麦是高热量耐饥饿食物，常加入温热性调味品食用。莜麦中蛋白质的氨基酸种类平衡，脂肪含量高，食用易腹胀。随着现代营养科学的发展，人们将莜麦与面粉混合（多数配方都是莜麦占 40%，面粉占 60%）制作出莜麦面包、莜麦馒头、莜麦蛋糕等。随着食品工业的发展，已加工生产出莜麦炒面、莜麦糊糊、莜麦麦片、莜麦方便面等方便食品。

6.1.2　青稞面坯

1. 青稞的种类与特点

青稞是生长在我国西北、西南等地的一种重要高原谷类作物，西藏、青海、甘肃种植最多，又称为米大麦、米麦、稞麦、大麦。青稞生长期短，一般为 100~130 天，比小米早熟，能适应迟种早收的气候。青稞耐贫瘠和高寒，在海拔 4500 米以上的局部高海拔地带，是唯一可以正常成熟的作物，已成为青藏高原一年一熟的高寒河谷种植的标志性作物。

（1）青稞的种类　按我国大麦种划分，青稞被定为多棱大麦亚种的多棱颗粒大麦变种群。依据青稞的核数分，可分为二棱稞大麦、四棱稞大麦、六棱稞大麦。西藏主要栽培六棱稞大麦，青海则以四棱稞大麦为主。青稞成熟后种子与种壳分离，容易脱落成稞粒，因种植地区和品种的不同，青稞种皮有灰白色、灰色、紫色、黑紫色等。优质青稞的籽粒长 6~9 毫米、宽 2~3 毫米，按形状可分为纺锤形、椭圆形、菱形、锥形等。

（2）青稞的特点　青稞在海拔 2600~3000 米的半农半牧区于 3 月中旬播种，在海拔 3000~3400 米的草地牧区于 4 月上旬播种，冬青稞在 10 月上旬播种。青稞一般在蜡熟后收获，收获不及时会影响产量，并且影响青稞的贮存。青稞在蜡熟后收获最好，也就是植株和穗子全黄，含水量在 20%~22% 时收获、脱粒，此时籽粒不受损伤。收获后及时晾晒，防止混杂，并分筛去杂，使籽粒含水量降至 10%~12%，此时最适合贮存。

青稞同普通大麦结构一样，其颗粒是由外皮层包裹糊粉层、淀粉的胚乳和软胚芽组成。外皮层主要由纤维素、半纤维素组成；胚乳中淀粉含量多，面筋成分少；胚芽中富含多种维生素和无机盐。青稞的化学成分与小麦、高粱类相同，主要成分为碳水化合物，只是矿物质和维生素更丰富一些。

2. 青稞面食的加工现状

青稞是藏区农牧民不可替代的主粮，也是藏区饲料加工业和酿造业等农产品加工业的重要原料。传统的青稞食品以加工工艺简单的糌粑、甜醅等为主。近年来，随着青稞功能营养学研究的进展和食品加工业的发展，青稞食品的加工与利用呈现出多样化和系列化的趋势。

青稞炒面是青稞经过晒干、炒熟、磨粉（不过筛）而成，与我国北方的炒面相似，但北方的炒面是先磨粉后炒制，而西藏的青稞面是先炒熟再磨粉且不去皮。青稞面较为粗糙，色泽灰暗，口感发黏，携带方便，适于牧民生活。

糌粑是藏民的主食，是由青稞炒面与奶茶、酥油、奶渣、糖经搅拌后捏攥成团制成。它不仅具有油酥的芳香、糖的甜润，而且还有奶渣的酸脆。糌粑里还可以加入肉、蔬菜等食物原料，做成咸糌粑。

青稞面食用方法与小麦粉基本相同。随着对小麦粉烘焙食品种类与制作工艺的模仿，人们也研制、开发出了青稞系列面食，如青稞挂面、青稞馒头、青稞饼干、青稞蛋糕和青稞麦片等。由于青稞具有蛋白质含量高但面筋蛋白含量低、支链淀粉含量高、物料黏度高等特点，可制作曲奇饼干、薄脆饼干、葱油饼干、青稞蛋黄派和青稞面条等。

6.1.3 荞麦面坯

1. 荞麦的种类与特点

荞麦古称乌麦、花麦、花荞、三角麦，属一年生草本植物，籽粒呈三角形。荞麦主产区在西北、东北、华北、西南一带的高寒山区，四川凉山彝族自治州是苦荞麦的主要产区和起源地之一。

（1）荞麦的种类　主要有甜荞、苦荞、金荞、齿翅野荞 4 种，我国主产甜荞和苦荞两种。

1）甜荞。甜荞又称普通荞麦，是荞麦中品质较好的品种，色泽暗白，基本无苦味。

2）苦荞。苦荞又称野荞麦、鞑靼荞、万年荞、野南荞，籽粒壳厚，果实略苦，色泽泛黄。

3）金荞。金荞皮易爆裂而成荞麦米，故又称米荞。

4）齿翅野荞。齿翅野荞又称翅荞，品质较差。

（2）荞麦的特点　荞麦适应性很强，在新垦地和瘠薄地都能生长良好。荞麦喜凉爽湿润，多生长在高寒山区，7~8℃时即可发芽，春、夏、秋三季均可播种。荞麦不耐高温旱风，畏霜冻，生长期一般60余天。荞麦在长日照和短日照条件下均能生长发育结实，因此适宜在气候寒冷或土壤贫瘠的地方栽培。小麦的蛋白质中清蛋白和球蛋白含量少，醇溶蛋白(40%~50%)和谷蛋白(30%~40%)含量较多，这些是组成面筋的主要成分，约占小麦籽粒蛋白质的80%，面筋蛋白含量高。而荞麦的面筋蛋白含量低，以苦荞为例，苦荞蛋白质中醇溶蛋白和谷蛋白含量较低，分别约为3.3%和15.6%；而清蛋白和球蛋白的含量较高，约占蛋白质总量的46.9%。荞麦所含的必需氨基酸中的赖氨酸含量高而蛋氨酸含量低，氨基酸模式可以与主要的谷物（如小麦、玉米、大米的赖氨酸含量较低）互补。

荞麦中的淀粉含量在不同地区和不同品种之间有一定差异，一般含量在70%左右，其中直链淀粉占淀粉总量的33%~44%，且所含淀粉直径比普通淀粉粒小很多，多属软质淀粉。这一特征使荞麦食品具有易成熟、易消化吸收的特点。为保证荞麦的品质，贮存时水分含量保持在12%~13%为宜。

2. 荞麦面坯的概念

荞麦面与沸水调制的面坯称为荞麦面坯。荞麦面坯色泽灰暗，味略苦，几乎没有弹性和延展性，所以包捏性能较差，成品色泽、口味也欠佳。荞麦面坯除了单独制作面食外，还常与面粉等其他粮食作物混合使用。

3. 荞麦面食的加工现状

荞麦是我国主要杂粮之一，传统荞麦面食花样繁多，如荞麦籽粒可制作荞麦粥、荞麦饭；荞麦粉可制作荞麦面条、荞麦鱼鱼、荞麦剔尖、荞麦烙饼、荞麦凉粉等；荞麦粉还可以与面粉等混合制作荞麦面包、荞麦饼干、荞麦月饼、荞麦酥点等。随着现代食品工业的发展，还能制成荞麦啤酒、荞麦酱油、荞麦醋、荞麦挂面、荞麦酸奶等。

6.2 蔬果面坯

蔬果面坯是指用果蔬原料制成的粉料、蓉泥与其他原料如面粉、澄粉、熟猪油等掺和调制而成的面坯。营养丰富，色泽鲜艳，深受人们喜爱。根据蔬果种类的不同，可以分为根茎类面坯、豆类面坯、果类面坯。

6.2.1 蔬果面坯分类

1. 根茎类面坯

根茎类面坯是指将南瓜、土豆、山药、芋头、地瓜等根茎类原料去皮蒸煮成熟，制成泥蓉加入面粉或澄粉等粉料调制而成的面坯。这类面坯成品质地松软，软糯可口，滋味甘美，具有浓厚的清香味和乡土味，如像生雪梨、山药糕、南瓜饼等。

2. 豆类面坯

豆类面坯是指用各种豆类（如绿豆、豌豆、蚕豆、赤豆、芸豆等）加工成粉、泥蓉，单独调制或与其他原料一起调制而成的面坯。这类面坯制成的点心具有口感浓香、色泽诱人、豆香浓郁、干香爽口等特点，如赤豆糕、绿豆糕、豌豆黄、芸豆卷等。

3. 果类面坯

果类面坯是指用莲子、菱角、板栗等原料制成的粉料、蓉泥与其他原料如面粉、澄粉、熟猪油等掺和调制而成的面坯。这类面坯的特点是营养丰富、口感甜糯、滋味鲜美。由于所用原料性质不同，调制方法也不同。常见的品种有板栗饼、枣泥糕等。

6.2.2 蔬果面坯基本工艺

蔬果面坯的调制要先经过初加工，将果蔬原料去皮、去壳，取其净肉，经过熟制，主要采用蒸的方法，蒸透蒸烂，再趁热用刀面压成泥蓉状，与米粉、淀粉等按比例调配好，采用揉面、擦面等方法混合均匀，再加工成所需要的制品。

6.2.3 蔬果面坯调制工艺的注意事项

在制作蔬果面坯的时候，首先选料要讲究，要选用容易压成泥状的原料；其次要掌握果蔬原料和粉团的混合比例，保证面坯软硬度适中；再次果蔬原料熟制后应趁热压成泥蓉状；最后，面坯应擦匀擦透，不可有颗粒。

6.2.4 蔬果面食的加工现状

蔬果类原料可以榨成汁或做成蓉泥加入粉类原料中，制作面食点心，比如紫薯馒头、南瓜花卷、果蔬面条、各类卡通包等，不仅增加了面点的种类，也提高了面食的营养价值，符合现代人对健康的追求。

技能训练 1　腊味萝卜糕的制作

1. 操作准备

（1）**设备及工具**　案台、量杯、炒锅、蒸锅、电子秤、抽子、面盆、保鲜膜、不锈钢盆、厨刀。

（2）**配方**

1）坯料：去皮白萝卜800克，粳米粉300克，澄粉60克，腊肉30克，腊肠30克，虾米25克，水发香菇25克，干贝20克，精盐12克，白糖20克，料酒5毫升，味精5克，白胡椒粉4克，熟猪油50克，清水160毫升。

2）辅料：色拉油50毫升。

2. 操作步骤

（1）**备料**　将白萝卜擦成细丝，用精盐腌制15分钟，挤出汁水，白萝卜丝、萝卜汁待用；腊肉、腊肠分别切成粒；虾米用热水泡开后切成粒；水发香菇洗净后切成粒；干贝放入碗中，加入料酒，上蒸笼蒸20分钟，取出拆成丝；粳米粉用萝卜汁和清水调成粉浆。

（2）**调坯**　锅中放入熟猪油，烧热后放入腊肉粒、腊肠粒煸出油，倒入虾米粒、香菇粒、干贝丝煸香，再放入白萝卜丝煸炒，放入白糖、味精、白胡椒粉，待白萝卜丝炒至透明，倒入米粉浆，边倒边搅拌，加热成半熟且白萝卜丝粘在一起的糊浆，成为坯料。

（3）**成熟**　把坯料放入事先涂抹过油、铺上保鲜膜的不锈钢盆内按压平整，放入蒸笼内，旺火蒸约40分钟后取出。晾凉后改刀成长方块上桌，或放入冰箱冷藏后改刀成长方块，煎制后上桌。

（4）**食用**　配酱油蘸食，也可将萝卜糕双面煎成金黄色，搭配喜欢的酱汁食用。

3. 质量标准

糕体色白、平整、坚实；咸鲜适口，清淡软滑，内外洁白，冬天更宜食用。

4. 注意事项

1）粉浆要调匀，否则蒸熟后糕内有粉块。

2）调坯时水要烧沸，否则米粉浆不易烫成糊状。

3）蒸制时间要根据盛器的大小、深浅确定，如果盛器深，蒸制时间稍长。

4）萝卜糕坯必须冷却，否则易碎不成块。

5）萝卜糕必须确保蒸熟，否则成品不易切块且粘刀。

技能训练 2　莜麦糅糅的制作

1. 操作准备

（1）**设备及工具**　案台、量杯、筷子、电子秤、轧面机、不锈钢盆、保鲜膜、蒸箱、保鲜盒、刷子、纱布。

（2）**经验配方**　莜麦面 500 克、沸水 500 毫升、凉开水 10 毫升、色拉油适量。

2. 操作步骤

（1）**烫面**　将莜麦面倒入不锈钢盆中，右手拿筷子，左手将沸水慢慢倒入面中，边倒边搅拌均匀。

（2）**揉面**　用手蘸冷开水采用搓和揉的手法，趁热将面坯揉匀揉透，晾凉后盖上湿纱布静置。

（3）**压面**　将揉好的面坯用轧面机压成厚 0.5 厘米的面片。

（4）**蒸面**　将面片平铺在蒸屉上并用保鲜膜密封，蒸屉放进蒸箱大火足汽蒸制 30 分钟（面坯表面不粘手）后取出，晾凉。

（5）**糅糅成型**　在蒸好的莜麦面片上刷匀色拉油，放在轧面机上，安装上压面刀，开动电源，把糅糅压出，或用菜刀直接切成较细的面条。

（6）**保存**　将压好的糅糅放入保鲜盒，用纱布盖上。

（7）**调味**　根据个人喜好调味。

3. 质量标准

口感筋道，质地软韧。

4. 注意事项

1）烫莜麦面时要用沸水烫透，否则面坯黏性差，不易成型。

2）揉面时要蘸冷开水搋透揉透，否则成品有粘牙现象。

3）莜麦面坯调制好要盖上湿布，否则面坯表面会发生硬皮现象。

4）蒸制面片时，热蒸汽一定要足，否则面片夹生，不易消化。

5）蒸制的时间要够，否则糕糕不筋道。

6）压糕糕之前要在面片上刷点色拉油，否则压好的糕糕会粘连。

7）糕糕保存时要用纱布盖上，否则糕糕会变硬或粘连。

技能训练3 莜麦可可饼干的制作

1. 操作准备

（1）**设备及工具** 电子秤、量杯、厨刀、面盆、打蛋器、饼干模具、烤箱、塑料刮刀、保鲜膜。

（2）**经验配方** 莜麦粉200克、黄油150克、白糖45克、可可粉10克、鸡蛋液50毫升。

2. 操作步骤

（1）**和面** 将白糖、黄油混合放入盆中，用打蛋器搅拌均匀，分次加入鸡蛋液，搅拌至乳膏状，掺入莜麦粉、可可粉混合搅拌，即成莜麦面坯。

（2）**装模** 模具中垫入保鲜膜，将面坯整理成长方形块状放入模具内，按压紧实，封好保鲜膜，放入冰箱冷冻。

（3）**成型** 将模具从冰箱中取出，面坯脱模，揭去保鲜膜，顶刀切成 0.3 厘米厚的饼干生坯。

（4）**熟制** 把饼干生坯整齐地码在烤盘上，送入 180℃烤箱烘烤 8 分钟取出，静置冷却至室温。

3. 质量标准

成品呈棕色，质感酥脆，苦香微甜。

4. 注意事项

1）严格按顺序投料，和面时要搅拌至原料完全乳化，否则影响成品胀发度。

2）冷冻时要冻透，否则切片易散碎。

3）烤制温度不能过低，否则饼干渗油。

5. 适宜品种

此工艺方法适合所有无面筋杂粮点心的制作，如苦荞饼干、玉米面饼干、小米面饼干、高粱面饼干等。

技能训练 4 糌粑糕的制作

1. 操作准备

（1）**设备及工具** 量杯、搅拌机、炒锅、案台、电子秤、不锈钢盆、厨刀、模具、刮刀。

（2）**经验配方** 青稞 250 克、酥油 200 克、白砂糖 50 克、西藏红糖 10 克、黑芝麻 10 克、熟核桃仁 10 克、奶渣 25 克、牛奶 200 毫升。

2. 操作步骤

（1）**初加工** 将青稞放入炒锅中炒熟，磨成粉即为青稞面；西藏红糖用刀切碎即成红糖粒；熟核桃仁用刀切碎；黑芝麻炒香。

（2）**和面** 青稞面、白砂糖、红糖粒、核桃仁碎、黑芝麻、奶渣、酥油倒入不锈钢盆中混合拌制，再加牛奶调制，以手攥可成团即成糌粑面坯。

（3）**成型** 取糌粑面坯手攥成团，放入模具中，按实压平，用刮刀铲去多余部分，脱模即成。

3. 质量标准

色泽微褐，形随模具，微甜，有奶香。

4. 注意事项

1）西藏红糖、熟核桃仁要尽量切碎，否则成品易散碎。

2）由于青稞面含水量有差异，所以和面时牛奶要酌量加入。

3）模具要干净，否则成品纹路不清晰。

4）面坯填入模具后，必须按实压平，否则脱模后易散碎。

5）西藏红糖只能存于干燥通风处，不宜放入冰箱，否则容易吸湿溶化。

技能训练5　玛馓的制作

1. 操作准备

（1）**设备及工具**　量杯、炒锅、案台、电子秤、厨刀、不锈钢盆、手勺、纱布、模具、刮刀、保鲜膜。

（2）**经验配方**　青稞面250克、奶渣25克、酥油200克、白砂糖40克、红糖粒20克、茶砖20克、清水300毫升。

2. 操作步骤

（1）**初加工**　将西藏红糖用刀切碎成红糖粒。

（2）**制茶汁**　茶砖、清水放入锅中上火加热，烧开煮制7~8分钟，稍晾凉后用纱布（或细筛）过滤，即成茶汁。

（3）**和面**　青稞面、白砂糖、红糖粒、奶渣、酥油倒入不锈钢盆中混合拌制，再用茶汁约200毫升调制，以手攥可成团即成玛馓面坯。

（4）**成型**　将玛馓面坯填入模具，按实压平，用刮刀铲去多余部分，脱模后形成21厘米×11厘米的长方形砖状，用保鲜膜将其包裹封好，放入冰箱冷冻24小时以上。上桌前先解冻，再切成5毫米厚的片装盘即可。

3. 质量标准

色泽微褐，长方形薄片，微甜有茶香。

4. 注意事项

1）煮茶汁最好使用不锈钢器皿，如使用铁锅会出现茶汤色深且透明度不佳。

2）玛馓面坯填入模具时，要注意压实模具四角，否则边角不齐，影响成品质量。

3）切片时双手用力要一致，刀头刀尾同时下刀。

技能训练 6 青稞薄饼的制作

1. 操作准备

（1）**设备及工具** 量杯、电饼铛、案台、电子秤、不锈钢盆、擀面杖、纱布、油刷子。

（2）**经验配方** 青稞面 400 克、面粉 100 克、沸水 450 毫升、植物油 10 毫升、手粉 10 克。

2. 操作步骤

（1）**和面** 将青稞面、面粉倒入不锈钢盆中混合均匀，慢慢浇入沸水，边浇边用擀面杖搅拌，将粉料烫熟揉制成团；稍晾凉后，盖上湿纱布静醒 15 分钟即成青稞烫面面坯。

（2）**下剂** 将面坯下剂 30 个，用手掌根按扁后排成两排，在剂子表面刷植物油，再撒上薄薄一层面粉，将剂子两两对叠（油面贴合），再一次用掌根按扁。

（3）**成型** 用擀面杖将剂子旋转擀成直径为 15 厘米的薄片。

（4）**熟制** 电饼铛调制 2 档烧热（铛面温度约 200℃），将薄饼坯放在铛上，双面烙至饼面微有虎皮色时取出。

（5）**配菜装盘** 将烙熟的薄饼分别揭开，配素炒三丝（胡萝卜丝、莴笋丝、粉丝）上桌。

3. 质量标准

色泽微褐，薄饼状，有青稞麦香。

4. 注意事项

1）沸水烫面，边烫边搅，否则面坯烫不熟。

2）醒面时要盖湿纱布，否则易风干结皮。

3）剂子大小要一致，否则饼的厚薄不一致。

4）剂子刷油后必须弹上薄薄的一层面粉，否则擀饼时两张饼容易错位，且烙熟后不易揭开。

5）可将烙制面朝外折叠一下，装盘效果更美观。

技能训练 7 荞麦鱼鱼的制作

1. 操作准备

（1）**设备及工具** 量杯、案台、电子秤、铁锅、面盆、笊篱、手勺、纱布、漏勺。

（2）**经验配方** 荞麦粉 250 克、面粉 250 克、温水（60℃）250 毫升、清水适量。

2. 操作步骤

（1）**和面**　将面粉、荞麦粉放在盆内抄拌均匀，慢慢加入温水，调制成较硬的面坯。

（2）**揉面**　将和好的面揉至均匀滋润，盖上湿纱布静置醒面。待面坯回软后再次揉制、静置，如此反复3次。

（3）**搓条**　将回软的面坯搓成一头细小的长条，最细的前尖约筷子粗。

（4）**搓鱼鱼**　左手压住整个面剂，右手从最细的前尖掐出约2厘米长的段，用右手一边搓一边滚，将面条搓成两头尖、形似小鱼的形状，即成荞麦鱼鱼生坯，撒上荞面粉（另取）防粘。

（5）**煮鱼鱼**　水锅上火烧开，将荞麦鱼鱼生坯抖散下入锅内，用手勺在锅底略推，水烧沸后点水（共3次），等荞麦鱼鱼全部漂起、变色后用笊篱捞出即可。

3. 质量标准

成品爽滑筋道，口感韧糯，配浇头食用。

4. 注意事项

1）由于荞麦不易吸水，筋性很差，面坯和好后要经过三揉三醒，否则面坯不光滑、成品口感不爽滑。

2）荞麦面持水性差，所以在成型前要再次揉制，否则面坯不光滑、不易成型。

3）搓好的生坯要撒上荞麦粉，否则会粘连在一起。

4）煮制时要开水下锅，否则会粘锅底或相互粘连。

5）煮制过程中要点三次冷水，慢慢养熟。

技能训练8　荞麦曲奇的制作

1. 操作准备

（1）**设备及工具**　电子秤、烤箱、案台、面盆、量杯、打蛋器、烤盘、塑料刮刀、挤袋、花嘴。

（2）**经验配方**　苦荞粉200克、黄油150克、绵白糖45克、吉士粉20克、鸡蛋液50毫升。

2. 操作步骤

（1）**和面**　将绵白糖和黄油混合放入盆中，用打蛋器搅拌至均匀，分次加入鸡蛋液，搅拌至乳膏状，加入苦荞粉、吉士粉混合搅拌，即成浆糊状面坯。

（2）**成型**　将面糊放入挤袋中，安上花嘴，直接在烤盘上等间距挤注成圆形，每盘50

个，共2盘。

（3）**熟制** 将烤盘送入160℃烤箱烘烤10分钟后取出，静置冷却至室温。

3. 质量标准

色泽金黄，质感酥脆，口味微苦，造型流畅，纹路清晰。

4. 注意事项

1）严格按顺序投料，和面时要搅拌至原料完全乳化，否则影响成品胀发度。

2）挤注生坯的大小要一致，否则烤制出的成品色泽不一致。

3）烤制温度不能过高，否则影响成品胀发成型。

5. 适宜品种

此工艺方法适合所有无面筋杂粮点心制作，如莜面曲奇、玉米面曲奇、小米面曲奇等。

技能训练9 荞麦饸饹的制作

1. 操作准备

（1）**设备及工具** 电子秤、饸饹床、量杯、面盆、煮锅、漏勺、水盆、案台。

（2）**经验配方** 荞麦粉300克、面粉200克、热水260毫升。

2. 操作步骤

（1）**和面** 将荞麦粉、面粉放入盆中，浇入热水调制成面坯。

（2）**成型** 将水锅烧开，面坯放入饸饹床，填满压实，压动杠杆，饸饹慢慢进入沸水锅中，适时将面掐断。

（3）**煮制** 沸水煮制，待饸饹面浮起，稍煮即熟。

（4）**过凉** 用漏勺将饸饹面盛入凉开水盆中。

3. 质量标准

粗细均匀，不散不断，呈圆条状。

4. 注意标准

1）水锅必须烧开，否则面条散碎不成条。

2）出锅过凉，否则面条不利落。

5. 适宜品种

此工艺方法适合所有无面筋杂粮面条的制作，如莜面饸饹、高粱面饸饹、红薯面饸饹、小米面饸饹、豆面饸饹等。

技能训练10　芸豆卷的制作

1. 操作准备

（1）**设备及工具**　电子秤、案台、煮锅、筛子、纱布、刮板、厨刀、面盆。

（2）**经验配方**　白芸豆600克、豆沙馅200克、清水适量。

2. 操作步骤

（1）**坯料加工**　将白芸豆洗净，用清水浸泡2小时，入锅煮至熟烂、碾碎，过筛去皮成芸豆泥。

（2）**制品成型**　案台上放一张干净的湿纱布，放上芸豆泥，用刮板刮平，制成厚约0.5厘米、宽约30厘米的片，用刀将边沿修整齐，然后再挤上一层豆沙馅。提起纱布一端，卷起来。

（3）**切段**　将卷的纱布去掉，刀蘸少许水，将芸豆切段装盘。

3. 质量标准

色泽雪白，造型美观，细腻香甜，入口即化。

4. 注意事项

1）芸豆泥含水量不宜太多，以保持芸豆泥紧实。

2）片要厚薄均匀，成型时要注意手法。

3）制品改刀时要小心，注意形状完整。

复习思考题

1. 常见的杂粮制品有哪些？各有什么特点？
2. 传统的莜麦面坯在制作过程中，需要注意哪 3 个方面？
3. 不同的杂粮制品，都能加工成哪些产品？选择你喜欢的产品，简述其制作过程。
4. 随着时代的发展，人们对健康的需求逐渐提高，杂粮制品日益受到人们的重视。谈谈你对杂粮制品的创新有哪些想法，以及如何扬长避短，做出人们喜爱的杂粮制品。

中式面点师（中级）理论知识试卷

注 意 事 项

1. 本试卷依据2018年颁布的《国家职业技能标准　中式面点师》命制，考试时间为90分钟。
2. 请在试卷的标封处填写姓名、准考证号和所在单位的名称。
3. 请仔细阅读答题要求，在规定的位置填写答案。

	一	二	三	总 分
得 分				

一、单项选择题（第1~60题。选择一个正确的答案，将相应的字母填入题内的括号中。每题1分，共计60分）

1. 由于人类活动具有（　　），根据其活动而产生三种道德。

A. 独立性　　B. 社会性　　C. 实践性　　D. 创造性

2. （　　）影响力大，对人的道德素质起关键性作用。

A. 社会公德　　B. 职业道德　　C. 家庭美德　　D. 传统美德

3. 道德的基础是（　　）。

A. 经济　　B. 因果　　C. 精神　　D. 利益

4. 下列对维生素的共同特点表述不正确的是（　　）。

A. 维生素在机体内能自行合成

B. 维生素不供给机体能量

C. 维生素不是构成机体各组织的原料

D. 人体只需少量维生素即可满足需要，但绝对不能缺少

5. 下列食物中不利于提高蛋白质营养价值的是（　　）。

A. 绿豆粥　　B. 菜肉包　　C. 生食牛肉　　D. 牛肉白菜饺子

6. 产热营养素——碳水化合物应占总能量的（　　）。

A. 10%~15%　　B. 20%~30%　　C. 25%~40%　　D. 55%~65%

7. 河豚体内含毒素较多的部位有（　　）。

A. 血液、内脏、皮肤、肌肉　　B. 肠管、眼睛、卵巢、血液

C. 血液、内脏、皮肤、卵巢　　D. 鳃部、眼睛、卵巢、血液

8. 不属于食品污染范畴的是（　　）。

A. 生物性污染　　B. 化学性污染　　C. 机械性污染　　D. 放射性污染

9. 酸奶中的乳酸菌不具有的作用是（　　）。

A. 增加有益菌群，抑制腐败菌　　B. 供给热能

C. 增进食欲，促进肠胃蠕动　　D. 防治过敏

10. 碳水化合物、脂肪、蛋白质摄入量保持合理的比例才能组成合理的热量分配，三者摄入量的比例应为（　　）。

A. 5:2:1　　B. 6:2:1　　C. 6:2:0.5　　D. 6.5:1:0.7

11. 发芽土豆中的毒素成分是（　　）。

A. 皂素　　B. 龙葵素　　C. 秋水仙碱　　D. 胰蛋白酶抑制物

12. 对食物中毒的特点描述不正确的是（　　）。

A. 不直接传染　　B. 症状相似　　C. 潜伏期较长　　D. 流行呈暴发性

13. 菊花酥饼酥皮包馅时应包在（　　）位置。

A. 偏左　　B. 偏上　　C. 偏下　　D. 中间

14. 成本核算的意义在于：正确执行物价政策，维护（　　）的利益，为国家节约资源，促进企业改善经营管理。

A. 经营者　　B. 执政者　　C. 消费者　　D. 监督者

15. 酒中的醛类有很强的毒性，（　　）克甲醛即可致人死亡。

A. 2　　B. 6　　C. 10　　D. 20

16. 馅心制作量要按需准备，最好（　　），剩料要妥善保存，不宜久藏。

A. 随用随做　　B. 急用急做　　C. 多用多做　　D. 后用先做

17. 灭火器要在距离起火点（　　）左右处，对准起火点进行操作。

A. 2 米　　B. 5 米　　C. 10 米　　D. 20 米

18. 薯类面坯制作的点心质感（　　），具有薯类的特殊味道。

A. 酥香　　B. 脆嫩　　C. 有咬劲　　D. 松软香嫩

19. 原料加工后的单位成本等于（　　）乘以原料购进价。

A. 出材率　　B. 损耗率　　C. 定价系数　　D. 成本系数

20. 带骨猪五花肉 10 千克，单价 20 元 / 千克，如分割成五花肉 8.5 千克、排骨 1.4 千克（分割有损耗），排骨作价 30 元 / 千克，则五花肉成本为（　　）元 /100 克。

A. 18.59　　B. 1.86　　C. 18.37　　D. 1.84

21. 燃气灶漏气处理不正确的是（　　）。

A. 将门窗打开，使室内空气流畅

B. 用湿布盖住漏气处

C. 关闭燃气总开关

D. 如使用液化气罐，应将其迅速移至室外空旷的地方

22. 灶台容器盛装热油不要超过（　　）满，端离时应垫布，并提醒他人注意，以防烫伤事故发生。

A. 三成　B. 五成　C. 七成　D. 八成

23. 贮存各种肉类、水产类原料，冷冻柜的温度范围要调节在（　　）。

A. −10~0℃　B. −18~−10℃　C. −28~−23℃　D. −30~−23℃

24. 用于制作馅心的新鲜蔬菜，一般应具有鲜嫩、（　　）等特点。

A. 含水量大　B. 含水量较大　C. 含水量一般　D. 含水量小

25. 制定《中华人民共和国劳动法》是为了维护劳动者的合法权益，（　　），建立和维护适应社会主义市场经济的劳动制度，促进经济发展和社会进步。

A. 调整劳动关系　B. 调整工资关系　C. 调整工作时间　D. 调整休息时间

26. 干香菇从外观上可分为花菇、厚菇、薄菇和菇丁，以（　　）营养和质量最好。

A. 花菇　B. 厚菇　C. 薄菇　D. 菇丁

27. 热水面团色泽较（　　）温水面团。

A. 暗，延伸性大于　B. 暗，延伸性不如　C. 白，延伸性大于　D. 白，延伸性小于

28. 下例品种不属于包上法手法成型的是（　　）。

A. 鲜肉包子　B. 三鲜水饺　C. 宁波汤圆　D. 翡翠烧卖

29. 面点制馅常用的水产类原料有新鲜的（　　）等。

A. 鱼、虾、蟹　B. 鱼、虾、鳖　C. 鱼、虾、螺　D. 鱼、虾、蚌

30. 调制青菜馅时需要在馅料中加入（　　）和动物油进行调味。

A. 盐、味精　B. 白糖、味精　C. 盐、白糖、味精　D. 盐、白糖

31. 包粽子的苇叶要选用（　　）。

A. 较宽的，要包严捆紧　B. 较窄的，要包严捆紧

C. 较宽的，不要包太紧　D. 较长的，要包严捆紧

32. 鲜肉蒸饺的擀皮、包捏成型正确的操作是：将面团摘成 15 克重的面坯，用双手杖擀成蒸饺皮，包入鲜肉馅 15 克，一般包成（　　），即成鲜肉蒸饺生坯。

A. 元宝形　B. 月牙形　C. 高桩形　D. 正方形

33. 热水面团（　　）筋力、（　　）韧性、（　　）可塑性。

A. 有　有　无　B. 有　无　无　C. 无　有　无　D. 无　有　有

34. 用温水面团捏制金鱼蒸饺时，鱼身鱼尾捏的（　　）要协调，形态要生动。

A. 比例　B. 大小　C. 部位　D. 内容

35. 荠菜春卷成型方法是：春卷皮放在面板上，将 50 克馅心放在皮坯的一边，包卷成长 7

厘米、宽 3 厘米的（　　）长卷，并用少量水或蛋液封口，即成生坯。

A. 圆筒形　　B. 长方形　　C. 扁方形　　D. 圆中带扁

36. 煮的成熟方法主要通过沸水的（　　）传热使生坯成熟。

A. 传导　　B. 对流　　C. 辐射　　D. 微波

37. 关于蒸制成熟法描述不正确的是（　　）。

A. 掌握好蒸制的温度、湿度和时间　　B. 保持锅内水量

C. 不同品种同屉蒸制效果更好　　D. 保持水质清洁，经常换水

38. 经过开酥制成的成品，酥层明显（　　）的称为明酥。

A. 呈现在里　　B. 呈现在外　　C. 一半呈现在外　　D. 不呈现

39. 烙主要是通过锅体受热后的（　　）作用使生坯成熟的方法。

A. 热辐射　　B. 热对流　　C. 热传导　　D. 综合加热

40. 制作油炸油酥制品时，调制 500 克面粉的干油酥用熟猪油（　　）较为合适。

A. 100 克　　B. 125 克　　C. 275 克　　D. 450 克

41. 蝴蝶卷成型时，在卷拢成圆柱形面卷的一端，用刀切成片形剂子，再将切好的两个剂子底对底平放，底部少抹些水，用筷子在小花卷靠下方的（　　）处夹一下，使之形成蝴蝶翅膀的样子，并制出两根蝶须。

A. 1/2　　B. 2/3　　C. 3/4　　D. 1/5

42. 用面肥发酵时，加（　　）量要正确，若加入量大，制品发黄；加入量小，制品发酸且不松发。

A. 盐　　B. 白糖　　C. 食碱　　D. 清水

43. 马蹄花卷的成型，需要将面团搓成长条，用走槌擀制成（　　）皮坯。

A. 圆形　　B. 正方形　　C. 长圆形　　D. 日字形

44. 烤制白皮酥时要掌握好烤制的温度，以（　　）为宜。

A. 120℃　　B. 100℃　　C. 150℃　　D. 240℃

45. 暗酥叠酥方法的特点是酥层厚、层次清楚、（　　）性大。

A. 缩小　　B. 固定　　C. 胀发　　D. 游移

46. 白皮酥起酥制成剂子后，包入馅心，用手按成直径为（　　）的圆饼烤制。

A. 4 厘米　　B. 8 厘米　　C. 12 厘米　　D. 16 厘米

47. 为便于熟粉团糕粉的成熟，在蒸制前应（　　）。

A. 用热水调制糕粉　　B. 用温水调制糕粉

C. 将糕粉铺制得均匀松散　　D. 将糕粉铺匀压实

48. 制作马拉糕的面团是用清水和糖调制的糕浆，所以需要在模具内涂（　　）蒸制。

A. 蛋清　　B. 水　　C. 糖水　　D. 油

49. 黄桥烧饼是用（　　）包干油酥起层后包馅成型的。

A. 热水面　　B. 发酵面　　C. 水油面　　D. 鸡蛋面

50. 经过开酥制成的成品，酥层（　　）的称为暗酥。

A. 呈现在里　　B. 呈现在外

C. 一半呈现在外　　D. 不呈现

51. 熟粉团粉坯一般是糯米粉与（　　）掺和制熟后成型的一种粉坯。

A. 玉米粉　　B. 粳米粉　　C. 马蹄粉　　D. 面粉

52. 糯米粉由于自身的特性，一般不能制作（　　）点心，但可以制作青团、双酿团等。

A. 油酥　　B. 水调面　　C. 发酵　　D. 膨松类

53. 层酥面坯按用料和调制方法的不同，可以分为（　　）。

A. 水油面层酥面坯、蛋水面层酥面坯

B. 干油面层酥面坯、酵面层酥面坯

C. 水油面层酥面坯、蛋水面层酥面坯、酵面层酥面坯

D. 干油面层酥面坯、蛋水面层酥面坯、酵面层酥面坯

54. 用糯米粉和粳米粉掺和后形成的镶粉制作船点，考虑到制品须可塑性强、黏性适中，通常掺和比例为（　　）。

A. 7∶3　　B. 6∶4　　C. 5∶5　　D. 4∶6

55. 制作小窝头时，需要将玉米面、黄豆面、泡打粉、白糖、糖桂花一起放在盆中，分次加入（　　）并慢慢揉和，使面团柔韧有劲。

A. 沸水　　B. 热水　　C. 温水　　D. 冷水

56. 麻团生坯开始入油锅炸制时要（　　）。

A. 小火低温　　B. 小火高温　　C. 大火低温　　D. 大火高温

57. 年糕成型时，需在案台上铺一块湿布，将熟糕粉倒入并包住，用手不断地揉搓成约（　　）厚的长条，在条上撒上糖桂花，切成重约 50 克的长方形块即可。

A. 3 厘米　　B. 6 厘米　　C. 9 厘米　　D. 12 厘米

58. 玉米面发糕的成型分为两步：一是将（　　）倒入木制方框中，用刮板摊平后，入笼蒸成固体；二是晾凉后切块。

A. 水状面坯　　B. 浆状面坯　　C. 糊状面坯　　D. 块状面坯

59. 南瓜饼是用（　　）方法加热成熟的。

A. 烤　　B. 烙　　C. 蒸　　D. 炸

60. 窝窝头成型的过程是：制窝窝头的面坯经初步搓揉后，以双手配合搓成（　　），然后手指蘸少许凉水，在圆球中间钻一个小洞，并捏成中空的半圆形坯，同时把窝头上端捏成尖形，外表内壁均要光滑。

A. 圆球体　　B. 圆台体　　C. 圆锥体　　D. 圆柱体

二、判断题（第 61~100 题。将判断结果填入括号中。正确的填“√”，错误的填“×”。每题 1 分，共计 40 分）

61. 讲究质量就是在任何情况下都要求必须有绝对高的质量。 （ ）
62. 肉类脂肪含饱和脂肪酸较多。 （ ）
63. 轧皮机适用于面食加工业。 （ ）
64. 揭示单位成本提高或降低的原因，指出降低成本的途径，改变经营价格，提高企业经济效益，是企业成本核算的任务之一。 （ ）
65. 食品安全标准是强制实行的标准。 （ ）
66. 在运行机械设备时，注意力要集中，严格按照机械设备说明书操作。 （ ）
67. 冷冻柜是温度范围为 -18~-10℃的设备，主要用于储存各种肉类食物。 （ ）
68. 丹麦开酥机在需要紧急停止时，可按红色紧急停止按钮。 （ ）
69. 蔬菜一般都是先切后洗。 （ ）
70. 白菜饺的叶成型时需要将面皮边廓五等分，推捏成菜叶形状。 （ ）
71. 制作桂花糖馅时，所用的面粉蒸熟后使用效果更好。 （ ）
72. 馅料的配饰可使面点的形态显得更加饱满优美。 （ ）
73. 烙是通过金属受热后的热对流作用使生坯成熟的方法。 （ ）
74. 捏是在包的基础上进行的，是一种综合性的成型技法，分为挤捏、推捏、捻捏、折捏、叠捏、拿捏等。 （ ）
75. 所有的烙制品在成熟过程中都要经过翻转移动的过程。 （ ）
76. 油脂在面点中能降低面坯黏性，便于工艺操作。 （ ）
77. 钳花就是利用钳花工具在成品面点表面上的简单操作。 （ ）
78. 在面团中加入小苏打调制而成的面团一般不能上劲。 （ ）
79. 大包酥一般适用于油酥的大批量生产。 （ ）
80. 籼米粉由于含有 30% 支链淀粉，所以不可制作发酵点心。 （ ）
81. 苏式麻团是用糯米粉和面粉按一定比例掺和成团后制作而成的一道苏式面点。 （ ）
82. 葱油家常饼成品的味道一般是甜咸味。 （ ）
83. 薄荷糕和年糕都属于松质糕团类品种。 （ ）
84. 玉米按籽粒的特征和胚乳的性质可分为硬粒型、马齿型、粉型和甜型 4 种。 （ ）
85. 传统的黄桥烧饼的熟制是在缸炉中进行的，烘烤时间为 10~15 分钟，待饼面呈金黄色且饼身胀发时，即可用长铁钳钳出。 （ ）
86. 生粉团子在蒸制时要旺火沸水一次蒸制成熟。 （ ）
87. 米浆类面坯的特性为：体积稍大，有细小的蜂窝，口感黏软适口。 （ ）
88. 在和制玉米面发糕面坯时，先把面粉、酵母粉、泡打粉放入盆中再加温水，然后放入玉

米面，和好后盖上湿布发酵 2~3 小时。（ ）

89. 玉米面韧性强，松而发硬，并且受潮后不易变软，因此制作面点时，须烫熟后方可使用。（ ）

90. 玉米面发糕面坯一定要发透，以稍软为佳。（ ）

91. 道德是以善恶为标准，调节人们之间和个人与社会之间关系的行为规范。（ ）

92. 含油脂较多的食品在夏季保存不当，有发生油脂酸败的可能。（ ）

93. 用面肥发酵，面坯中就会产生沙门氏菌、大肠杆菌，所以必须加碱中和。（ ）

94. 馅心制作量要按需准备，应随用随制，以保证馅心的新鲜度和特色。（ ）

95. 干货原料涨发的卫生要求是：泡发方法准确，出料率高。（ ）

96. 对于禽蛋的卫生要求是：外表清洁，完整无损，略感粗糙，具有光泽。（ ）

97. 从事面点师职业，必须持有职业资格证书才能上岗。（ ）

98. 制作点心用的奶油类原料应高温存放，以防变质。（ ）

99. 味精是面点中常用的食品添加剂。（ ）

100. 餐饮成本是由餐饮销售与产品成本的差构成的。（ ）

答案及评分标准

评分标准：每题答对给 1 分；答错或漏答不给分，也不扣分。

一、单项选择题

1. B	2. B	3. D	4. C	5. C	6. D	7. C	8. C	9. B	10. D	11. B	12. C	13. D	14. C	15. B
16. A	17. B	18. D	19. D	20. B	21. B	22. B	23. B	24. A	25. A	26. A	27. B	28. D	29. A	30. C
31. A	32. B	33. D	34. A	35. D	36. B	37. C	38. B	39. C	40. C	41. B	42. C	43. D	44. C	45. B
46. A	47. C	48. D	49. B	50. A	51. B	52. C	53. C	54. C	55. B	56. A	57. B	58. C	59. D	60. A

二、判断题

61. ×	62. √	63. √	64. ×	65. √	66. √	67. √	68. √	69. ×	70. √
71. √	72. √	73. ×	74. ×	75. ×	76. √	77. ×	78. √	79. √	80. ×
81. √	82. ×	83. ×	84. √	85. ×	86. √	87. √	88. √	89. ×	90. √
91. √	92. √	93. ×	94. √	95. ×	96. √	97. ×	98. ×	99. ×	100. ×

参考文献

[1] 中国就业培训技术指导中心．中式面点师（基础知识）[M]. 2 版．北京：中国劳动社会保障出版社，2012.

[2] 祁可斌．中式面点师（初级）[M]. 北京：机械工业出版社，2011.

[3] 祁可斌．中式面点师（中级）[M]. 北京：机械工业出版社，2011.

[4] 祁可斌．中式面点师（高级）[M]. 北京：机械工业出版社，2011.

[5] 劳动和社会保障部教材办公室．中式面点师（初级、中级、高级）[M]. 北京：中国劳动社会保障出版社，2002.

[6] 人力资源和社会保障部教材办公室，中国就业培训技术指导中心上海分中心，上海市职业技能鉴定中心．中式面点师（五级）[M]. 2 版．北京：中国劳动社会保障出版社，2012.

[7] 人力资源和社会保障部教材办公室，中国就业培训技术指导中心上海分中心，上海市职业技能鉴定中心．中式面点师（四级）[M]. 2 版．北京：中国劳动社会保障出版社，2013.

[8] 赵廉．烹饪原料学 [M]. 北京：中国纺织出版社，2008.

[9] 朱在勤．苏式面点制作工艺 [M]. 北京：中国轻工业出版社，2012.

[10] 朱在勤．中式面点技艺 [M]. 大连：东北财经大学出版社，2003.